(Minaret at Jam) Afghanistan ·················· (贾穆宣礼塔) 阿富汗

(Palmyra) Syria ················· (巴尔米拉) 叙利亚

(Dresden) Dresden ·············· (德累斯顿) 德国

(San Francisco) USA ·············· (旧金山) 美国

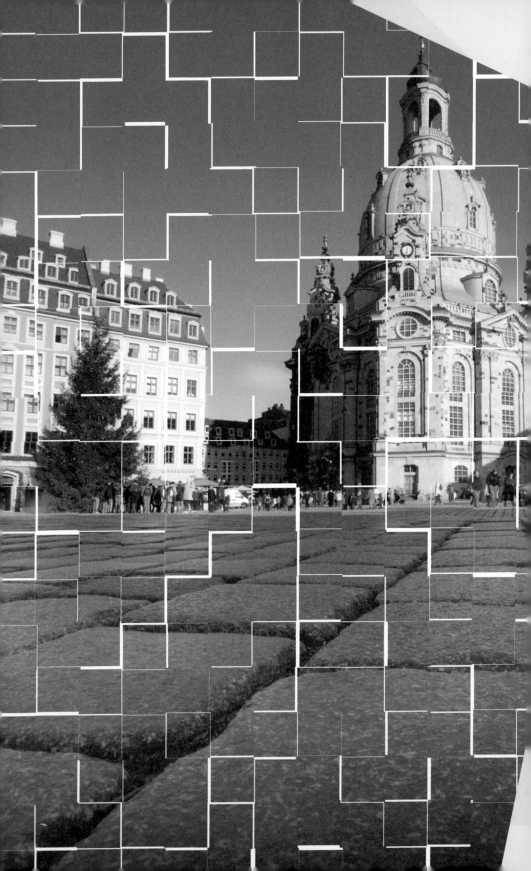

《漫游世界建筑群》

是英国广播公司（BBC）的

一部经典纪录片，

主持人丹·克鲁克香克

（Dan Cruickshank）

作为一位建筑历史学家也因之闻名。

本书系以纪录片内容为基础，

配置以更为精美细致的建筑图片，

按照8个主题为大众讲解了足以震撼

世界的36座建筑，

并探寻这些建筑背后更为震撼的故事、

文化的起因和曾经的人物传说。

本书系共包括4个分册，分别是：

《漫游世界建筑群之美丽·连接》

《漫游世界建筑群之死亡·灾难》

《漫游世界建筑群之梦想·仙境》

《漫游世界建筑群之愉悦·权力》。

本书作者丹·克鲁克香克不仅是英国广播公司（BBC）电视台定期主持人，而且是一位建筑历史学家，他最为人们所熟悉的、也是最受欢迎的电视系列节目有《英国最好的建筑》和《工业革命为我们带来了什么》。

由他主持的系列纪录片还包括《当代的奇迹》《弗里斯‐格林失落的世界》《世界八十宝藏》，这些纪录片也均推出了相应的同名畅销书。

他是乔治亚（历史建筑保护）小组的活跃成员，并一直在英国谢菲尔德大学建筑系担任客座教授。

他出版过包括《乔治亚时代的城市生活》《英国和爱尔兰的乔治亚建筑欣赏指南》等多部著作，其中最为著名的是由他担任主编的《弗莱彻建筑史》，该书是目前世界上最具学术价值的建筑通史之一。

A phoenix paperback

First published by Weidenfeld & Nicolson, a division of The Orion
Publishing Group, London

This paperback edition published in 2009 by Phoenix, an imprint of
Orion Books Ltd

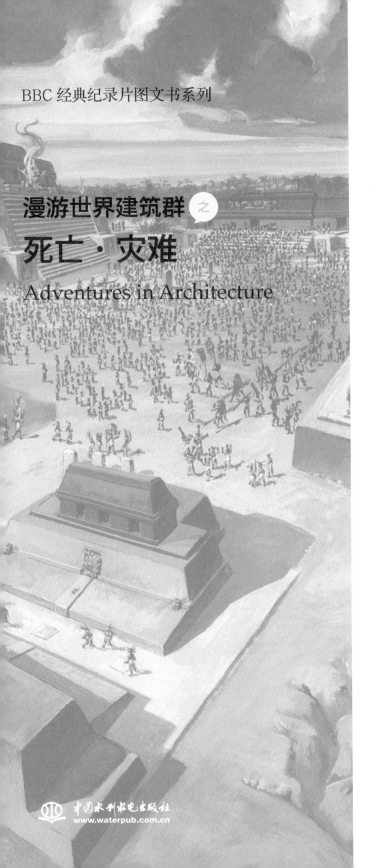

BBC 经典纪录片图文书系列

漫游世界建筑群之

死亡·灾难

Adventures in Architecture

【英】Dan Cruickshank（丹·克鲁克香克）著

吴捷 杨小军 卢健 译

中国水利水电出版社
www.waterpub.com.cn

前言

本书记录了一场环球之旅。我从巴西的圣保罗出发，历经一年到达阿富汗偏远地带，旅程至此结束。全程覆盖了世界五大洲 20 多个国家，从冰冷广袤的北极圈和冬季的俄罗斯北部一直跨越到火热的中东沙漠、亚马孙潮热的热带雨林，以及印度和中国的众多火炉城市。

旅程的目的是要通过探索世界各地的建筑和城市，以此了解并记录人类历史及其抱负、信念、胜利和灾难。在这场探索之旅中，各个地区具有着全然不同的文化、气候、建筑规模和建筑类型，它们相互碰撞又相互融合。我见识了各种各样的城市，包括世界上最古老的一直有人居住的城市——叙利亚的大马士革、21 世纪建成的第一个新首都城市——哈萨克斯坦的阿斯塔纳，只为感受人们是如何生活在一起，以及建筑物是怎样界定和影射社会的。除了城市整体之外，我也单独探索了建筑物，包括寺庙、教堂、城堡、宫殿、摩天大楼、妓院兼女性闺房、监狱，以及位于阿富汗的世界上最完美的早期尖塔——神秘的 12 世纪贾穆宣礼塔。从某种意义上说，我曾帮人建造过世界上最古老的建筑物——听起来有点自相矛盾——以此来探寻建筑物的起源：在格陵兰，我和因纽特人共同建造冰屋——这个古老而巧妙的、拥有原始之美的物体结构，它揭示了早期建筑形成史，人们运用他们的工程天赋和可用的材料来建造一个可以抵御风雪和野兽的栖身之所。

这次探索之旅的成果在英国广播公司第 2 频道"漫游世界建筑群"的节目中播出，现在以书籍的形式呈现，它讲述了我亲身体验的建筑历史。汇编这段历史令人筋疲力尽，但又一直让我感到愉悦和振奋。建筑是人类最紧迫的，并且可以说是一直以来要求最高的活动，因为许多看似相互抵触的需求需要被调和、需要和谐共存。例如，建筑揭示了如何通过巧妙的设计来化解大自然中潜在的灾害力量，如何利用自然之力来驯服甚至挑战自然，如何将潜在的问题转化为优势。一些需要承受重力作用的建筑物——如穹顶、拱门等——结构非常坚固、承重能力极强，正是因为人们利用了如重力之类的自然力量。我们还看到，古往今来，建筑充分地挖掘了大自然的潜力，不只是利用天然的形态和材质——如黏土、石头和木材——同时还凭借人力将自然的产物进行改造和强化，创造出了新式的、更坚固的建筑材料，如铁、钢筋混凝土和钢。建筑应该是灵感受到启发后，艺术与科学紧密结合的创造性产物，诚如罗马建筑师维特鲁威在两千多年前的解释，建筑必须具备"商品性、稳固性和愉悦性"，这三者正是需要通过建筑调节的潜在矛盾。建筑物必须在满足功能性要求的同时，又具有结构稳定性和诗意，既要美丽，又要有意义，能激发并利用人们的才智和想象，如果是宗教建筑，还应通过物质手法唤起精神感受。只满足维特鲁威前两个要求的建筑仅仅是一种实用的构造，而只有第三点——即使在结构上没有必要性，但却提升了精神上的愉悦性——才将结构转化为了有设计感的"建筑"。

根据不同的建造原因，本书系中所述的地点被分成了8个不同的主题：建立栖身之所；应对灾难；表现世俗权力；致敬和纪念他们的神灵；建立人间天堂，将理想主义的梦想转化为可触摸的现实；展现死亡之谜，揣测死后生活；创建能够实现共同生活的群体；寻求对艺术美的感官享受及精神和视觉的愉悦。

在这史诗般的旅程中，我学到了很多，想到了很多。建筑是向所有人开放的伟大探险、是伟大的公共艺术，因为建筑就在我们周围。不管喜欢与否，我们都生活并工作在其中，或仅仅通过、走过它们。建筑物是私有财产，但它们也具有一个强有力的公共生命——伟大的建筑是属于所有人的。正确看待它，或者仅仅是稍微地了解它，揭开建筑石材中尘封的故事，都能更加充实、愉悦地生活。我希望这本书可以让每一位读者对建筑多一点喜爱，多一点了解。

我担心书中提及的某些地方会令人感到震惊和困惑，但是我也希望，这些地方能让人感到愉悦，能激起人们的求知欲。没有选择英国和爱尔兰的任何场所，并不意味着这些岛上的建筑质量较差或是在世界上地位较低。恰恰相反，正是因为很多地方我都已经在其他书中作过介绍，因此在本书中便不再重复，而是把重点放在那些我很早就感兴趣但却没有去过或是详细了解过的地方。

对于本书中的大多数地点而言，探访是相对安全且简单的，但考虑到旅游对环境造成的破坏，很多读者可能会更喜欢在书中阅读这些遥远并脆弱的建筑瑰宝，而不是参观它们。然而，更强大、更直接的威胁来自于冲突和贫穷。世界正日益成为一个充满敌意和分歧的地方，战争和忽视使得这些历史遗迹面临前所未有的威胁，其中许多被掠夺甚至毁坏。但愿本书能提醒人们，这些文化和艺术瑰宝很可能正处于威胁之中，最起码，这本书记录下了那些可能很快就将被永远改变的建筑。

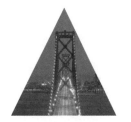

目录

前言

死亡
Death

热那亚港口的
游艇

艺术之美体现的永恒生命——

斯塔列诺公墓园（热那亚，意大利）

　　热那亚曾经经历过几世纪的许多磨难，是一座古老的
海港和贸易城市。然而，在 19 世纪早期，它却面临着潜
在的灾难性威胁——这种威胁并非来自于在世的人，而是
来自于已死去的人。我来到这座神奇的城市，就是想看看
处理这种特殊威胁的方式所带来的艺术性成果。

　　19 世纪早期，由于工业不断发展，热那亚得以迅速
繁荣，人口也不断增长。当然，死者的数量也因此而不断
上升。自中世纪末期以来，整个欧洲土葬的传统几乎未有
改变。基督教相信，人死后躯体应被保存并埋葬起来，以
作为重生前的准备，即要接受审判，并被送往天堂或者地

狱。这就意味着像热那亚这样不断扩张的城市中心在逐渐地被尸体吞噬。就传统而言，尸体都被埋葬于墓地或者城市教堂的地下室，但是，即使定期将其中的遗骸运往藏骸所，空间依然逐渐不足。尸体上面堆满了尸体，墓地逐渐开始腐烂并滋生细菌。毫不夸张地说，在19世纪早期大多数欧洲城市里，死者在扼杀生者。几十年以来，尽管人们对于传播的确切途径争论不休，但医疗人员一直很清楚，腐坏的市中心墓地与诸如霍乱这样的疾病有着直接的关系，虽然直到1854年才有证据证明霍乱是一种水生疾病。然而，就在此前很久，大家一致认为无论传播途径是什么，唯一的解决方案就是切断感染源。城市土葬终于得以制止。

热那亚
斯塔列诺公墓园

1832年，城市通过了一项皇家法案，将教堂承担的埋葬责任都移交给国家，批准市区外埋葬，同时阻止了大量的教堂埋葬行为。1835年，热那亚采取了重要的措施，以获取、建立和维持一个巨大的公墓园。公墓园远离市区，是作为与现实世界并行的另外一个世界而存在，在那个世界里，逝者不再是威胁生者健康的存在，同时受到生者的尊敬和纪念。这个公墓园同时也是一件艺术作品，它是国家的圣地，它向这座城市的伟人们致以敬意，并创造出一种自豪感与认同感。这种自豪感、这种记忆和怀念的行为，将会创造美。在当时，公墓园成为了世界上最为光辉的雕塑展廊之一，展品都是由城市中望族委托制作的雕塑纪念碑。墓碑越是宏伟光辉，就越显示出家族的庞大，同时逝者的名字也越有可能会通过这种高雅艺术而流传下去。

斯塔列诺公墓园于 1851 年 1 月 1 日开园，当年，墓地建在远离市中心的高地上，虽然现在它的周围都是蔓延而来的城市建筑，但仍保有一种绝妙的遗世感。我迎着朝阳来到这里，前面是一堵有拱廊、没有窗户的长长的墙壁，中间的大门上开了三扇古典风格的拱门。后面满是树木的山峦上，密布着高高的墓碑和小教堂，各种各样的建筑风格——意大利、哥特风，甚至还有一座受印度或佛教影响的佛塔——让人眼花缭乱。确实，这里就是一个独立的世界，这是一座无比巨大而又高贵的死者之城。

我穿过了大门中间的拱门，进入到了阴影下的世界。一边走，我一边左右观望，一连串长长的、幽暗的拱廊似乎一直延伸进了无尽的阴影中。每一条走廊上都可以看见热那亚逝者的纪念物，其中一些雕刻作品的样式非常引人注目。这里不啻为一场视觉盛宴，但我仍然继续向前走，来到了一片广袤的、树木众多的庭院。这里沐浴着从天堂洒下的阳光，也好似伊甸乐园一般，正象征着基督教信仰的死后重生，以及基督赐给正直之人的永恒生命。

我停下脚步环顾四周。一切像城市般井然有序。这里有小路、广场及逝者安息

公墓园中的
墓碑

的坟墓——而非生者居住的房屋，以及宏伟的死者纪念碑。在我面前是由桑托·瓦米设计的巨大雕像，在后面高高的台阶顶端，有一个带门廊的巨大拱形建筑物。我陶醉在这宏伟的景观中。所有的一切都是由热那亚一位名为卡洛·巴拉维诺的建筑师设计的，很显然，他希望通过巨型的希腊和罗马式古典建筑，给逝者以充分的尊重。他也相信要尊重基督教死者的躯体和记忆，我想，对他而言这是极其幸运的，因为就在这里破土动工之后，他就被霍乱夺去了生命（毫无疑问，这是由城区致命的老公墓引发的病菌产生的），从而成为了在这一片庇荫之城中长眠的人之一。

桑托·瓦米的雕像带有古典主义风格，颇为冷艳，它代表着基督教的信仰。沐浴在阳光之下，它像是生命的写照。或许，这座雕像又象征着热那亚人民在这个巨大的公墓园开园之初对它的信心，他们相信，逝者干净卫生的长眠可以拯救热那亚人于传染疾病之中，也可以说，使他们免于死亡。雕像后面是圆形大厅，该大厅受到了古代罗马万神殿的启发，是这里的主教堂。我穿梭于希腊多利安式的柱廊中间，走进它带有穹顶的内部。罗马万神殿是供奉众神的庙宇，确切地说，是纪念这个城市伟人的地方。的确，主入口附近，巴拉维诺的名字刻在石头上，熠熠生辉。

我离开了圆形大厅，进入了两侧其中一条古典拱廊。这里有许多巨大而充满艺术气息的纪念碑。这里或许有也或许没有来生，但很显然充满竞争。在这里，逝者的家属

公墓园中的
新古典主义风格雕塑

互相攀比，以彰显自己的地位和财富。他们修建家族墓碑，将用于纪念他们自己以及他们的后代，一直延续多年不朽。当我经过这些长廊的时候，我意识到，斯塔格列诺公墓园的名声和财富能保证他们的墓碑放在最好的位置。这个大墓地是对于整个城市社会阶层最真实的反映，因为就在圆形大厅以及城市英雄纪念碑旁的长廊里，长眠着19世纪至20世纪初期热那亚的许多领军人物。

穿过有几层楼高的、深深的长廊之后，斯塔格列诺公墓园精确把握住了欧洲社会中不断变化的艺术及宗教信念。从19世纪50年代中期开始，最早期的建筑都是传统的新古典主义风格，装饰均为随身用品以及死亡的象征等，如骨灰瓮、天使等。但到了70年代，一切变得有趣起来。这个时期就是现实主义时期。那时，逝者是以生者的状态被雕塑展现出来，或者说，是以当下状态展现出来；他们以自己在尘世间的贡献和成就为傲，并展示着他们创造财富的途径——一些墓碑上甚至还用花环缠绕。许多墓碑上刻有蜷缩着的或是一脸感激的孤儿、乞丐的图案，强调了逝者在有生之年所做的慈善事业。送葬者也以不可思议、如生活细节般的形式展现着：他们是活生生的人，不是象征，尽管按照惯例，他们参加的纪念活动非常感性，这些人都涕泪横流地跪拜在墓碑面前。所有这些都表达了对基督教价值观的信念和信心，对重生和来世的信心——他们相信天堂不过是尘世社会的延续。

这位艺术大师名为劳伦佐·奥灵格，我眼前角落中其中一个拱廊或许就是他的杰作。这是一项伟大的工程，一个名为卡特琳娜·坎布多尼克的女人的墓碑上刻着真人般大小的逝者雕像。她曾经是一名小贩，在当地市场贩卖坚果和面包。她的一生都在为自己的坟墓攒钱，而墓碑就在她去世之前建造完毕。塑像中的她穿着华丽的衣服，周围

公墓园中的
现实主义风格雕塑

是坚果和面包堆积的花彩，这是她赖以生存的工具，也是
这一项伟大、浩瀚工程的资金来源。她的表情十分庄严，
甚至有几分挑衅，她得到了自己想要的一切。通过艺术，
她在死亡之时得以像中产阶级一样体面，也许更重要的是，
她得以不朽。正是通过诚实的劳动，她修建了这样一座纪
念雕像，从此她的名字可以长存，她也由此成为热那亚众
多名门望族的一员了。

　　像这种真人般大小、如照片般栩栩如生的大理石雕像
是斯塔列诺公墓园最具特色的一景。人们可以信步于这些
长廊中，与逝者相遇，认识他们的缅怀者，拥抱他们，甚
至是与他们一起悲伤。1885 年修建的皮亚乔墓地是由乔
瓦尼·斯坎兹设计的，雕刻着一个真人般大小的衣着华丽
的女人走下台阶。另一个皮亚乔墓碑（朱塞佩·贝内蒂于
1873 年设计）则刻画了一位年轻貌美、眼含泪水的寡妇，

公墓园中
栩栩如生的雕塑

低垂着头，手持一本《圣经》，蹒跚着从坟墓门走向长廊，哀伤栩栩如生，让人禁不住想要上前拥抱她。或许，最为奇特又动人的现实主义墓碑就数 1879 年由乔瓦尼·巴蒂斯塔·维拉设计的了——一位寡妇，正在揭开已逝丈夫身上的盖布，并抓着她丈夫的手。我想，这是一场最后的道别，虽然她的脸上并没有过度的悲伤。相反，她看起来充满好奇，因为她将见证死亡的神秘，她想看看自己深爱的丈夫在灵魂逝去之后，那熟悉的面孔。

奎洛洛家族墓碑就更加充满戏剧性了。坟墓上（侧边）雕刻了夫妻两人的半身像，我猜他们是有钱的商人。然而，半身像之上（盖上）的场景非常奇特了，一副骷髅架——竟然是拿着镰刀的死神——被一束闪电劈倒，火苗从胸腔喷出。这寓意着死神被处死，而这个行为是由神灵完成的，据碑文上讲，一位体面、正派的天使，在确保"永久地掌控生命王国"。这座墓碑体现了热那亚中产阶级的信念——可以通过艺术和基督信仰来实现永生。

但是，在 19 世纪 80 年代，这里发生了变化。在斯塔列诺公墓园的墓碑上看到的事情在整个基督教社会中蔓延——坚定的信仰被怀疑和不确定所取代。这一时期最好的墓碑很有美感，形象经常出其不意，最重要的是，带着浓重的情欲色彩——有时几乎让人为之惊叹。随着基督教信仰和旧有的信念遭到质疑，新的科学发现以及心理洞察形成了一种怀疑论和厌世的氛围，此时，死亡成为了一个谜，成为了让人恐惧的事情。受质疑的不仅仅是逝者死后的灵魂命运，人们还怀疑这个世界上是否真正地存在着灵魂。如果此时的死亡是充满恐惧的事情，是通向未知世界的大门，那似乎它也引发了人类最感性的情感。从 19 世纪 80 年代开始，雕像越来越倾向于展现人体部位，通常带有一种极度兴奋的情绪——对于一个墓地来说，这有些奇怪。

　　从艺术历史的角度来看，这个时期被称为象征主义时期，这是一种在 19世纪 90 年代繁荣的艺术革命，他们攻击现实主义和伪伤感主义。反之，他们追求的是可以解放想象力的艺术。艺术因由梦想而生，它解放了想象、表达了理想和思想。像是每个时代都有的惯例，往往随着一个世纪接近

公墓园中
象征主义风格的雕像

尾声，这些曾经灰暗甚至是衰落的观点，开始令人感受到其震撼之处，引人迷惑。这就是 19 世纪的先锋艺术运动，这种运动威胁到了所有的中产阶级以及基督教传统。最为出色的是，这种社会性的变革尽管具有破坏性，仍然在 19 世纪后期的热那亚中产阶级中找到了许多商人和资本家拥护者。当我穿过这些走廊时，我看到了许多令人惊奇的高品质象征主义雕塑的典范，它们似乎无视所有的传统。这些雕像带有情欲色彩，刻出的是得意洋洋的死亡之灵或是伸开手足躺卧的性感的女性形象，而非神圣的天

公墓园中
带有情欲色彩的雕像

使。当这些受人尊敬的热那亚家族委托人修建这些雕像的时候他们想的是什么呢？我想，与以前的人一样，他们很想通过艺术被人铭记，所以，他们购买了艺术家诗境般的想象，即使他们对此不甚理解，却仍然深爱这些作品。

这对于富有的银行家弗朗西斯科·恩奈特家族来说，情况或许确实是如此。这位银行家通过最特别、最神秘的人造天使来纪念自己。1882 年，艺术家朱利奥·蒙泰韦尔德设计的坟墓主体为一个巨大精致的美丽生命，这就足以说明一切。雕像弯着头，似乎是在望向永恒，但是这幅表情想表达呢？严酷、感伤、同情还是慰藉呢？这是救赎天使还是死亡天使呢？是要为人们带来天堂中的永恒生命还是要让人们在地狱中遭受无穷的痛苦呢？此外，天使的性别呢？这个问题并不是毫无缘由的，因为雕像并非没有性别——它带着浓浓的情欲色彩。天使有着男性的脸庞，身体却有着女性的特征——到底蒙泰韦尔德心里想的是什么呢？我驻足凝视着这样一个奇特又有点不祥的形象。它看起来像来自于潜意识的生物，是后基督时代的感性天使，几乎是非信徒的天使，它似乎在向人允诺，死亡也是一种福气。

蒙泰韦尔德所设计的另一个雕像意义就很清晰了。这座雕像创造于 1894 年，是为了富有的西里家族设计的，展示了死亡之舞，也就是生与死的传统的碰撞。生者扭曲着身体，踮起脚尖，试图逃离不可避免的死神，但却是徒劳的。死亡是以裹着布的骨架呈现，而生者是由一位美丽、几近裸体的女子所呈现。直立的、冷酷的死神形象用它那满是骨头的手擒住了生者的手腕，生者也似乎已屈服于死亡的权力专横之下。这种表现异乎寻常，太神奇了——死亡似乎成为了性骚扰的同义词。死之形象中潜藏着暴力，并且非常得意，它是一种可怕的形象。整座坟墓让人感觉非常不适，让人无法感觉到基督教天堂里面所说的死后的永生。这个阴暗却美丽的作品，其形成的演变绝非易事。在斯塔格列诺公墓园没有审查制度，但是在这个案例里，整个家族都介入了雕像的制作。蒙泰韦尔德本打算展现一个赤裸裸的生之形象，但因家族介入不得不用裹布遮起她的下身。很显然，对身体诱人部位的遮盖只能使得本来就让人狂热的雕像更加迷人。

当我漫步长廊之时，我不断地受到来自这种象征主义雕像的洗礼。1909 年，劳伦佐的儿子路易吉·奥灵格设计的戴尔玛坟墓展现了一位已永远睡去的年轻裸体女性，

公墓园中令人惊叹而迷惑的
象征主义雕塑

一位年轻的裸体男性正以最亲密的姿态搂着她。整个构图让人极其熟悉，就像是基督教里圣母怜子像，雕像中已逝的裸体基督躺在他悲痛的母亲——圣母玛利亚的怀里。但让人震惊的是，这里的这座雕像却恰恰与传统相反，基督被一个女人所代替，玛利亚被一位强壮的青年所取代。我想，他所呈现出的吻并没有任何的情欲色彩，只是生者给逝去的爱人的最后一吻。这里似乎没有任何对来世的希冀——只有失去。没有希望的悲伤正是这些象征主义艺术家的创作强项。1910 年奥诺拉托·托索设计的里保杜公墓，这座公墓上有一块刻着埃及象形文字的破碎石板，还有一位身着暴露的年轻女子形象，她看上去非常闷闷不乐。从她身下起皱的翅膀可以看出，她是一位为死者悲伤而迷失的天使。最为典型的是 20 世纪 20 年代彼得罗·德·维罗纳设计的路易吉·柏兰多墓地。墓碑上躺着一个柔弱的裸体女子，后背塌下来，就好像正从一场极度情绪化的事件中恢复。她身上没有翅膀，很显然，她不是天使。

在长廊以及圆形大厅的周围是大片的公墓土地，一直延伸到满是树木的山上。几十年以来，随着城市的不断扩张，公墓园也不断扩大，越来越多的坟墓和纪念碑逐渐出现，曾经的空地也被利用起来，用以进行简单的埋葬。这些坟墓仅仅能够存留 10 年，此后，遗骸便被移除以接纳新的坟墓。遗骸被安置在圆形大厅的地下，但实际上这些卑微的死者已被人遗忘。在这里，不管是生存还是死亡，金钱都至关重要。在斯塔列诺公墓园，只有昂贵又充满艺术气息的纪念碑才会被永久保存，就这么简单。如果你可以支付一大笔钱，修建一座巨大的坟墓，那么你的名字就会留存千古。若非如此，你最多只能留世10年。这恰恰解释了为什么如此之多的家庭花费大量的金钱在修建墓碑上面——这样的墓碑很多都异常昂贵。

我走上蜿蜒又风景如画的小路，周围都是墓碑和教堂。这就像一座花园城市，当你漫步在自然的美景之中，你就会感觉平静，而这一切只是为了让死亡不那么丑陋，不那么可怕。在这里，这些纪念碑经受着风霜的洗礼，当它们在枝繁叶茂的树丛中若隐若现的时候，看起来格外的浪漫。我发现了一个足以让我屏住呼吸的作品——这是基亚雷拉家族的象征主义风格墓地，也是由才华横溢的路易吉·奥灵格设计建造的，这座坟墓可以追溯到1910年。在坟墓入口的一侧刻着一个裸体女人，她扛着一个看起来像巨大花环的物件，脸上洋溢着奇怪又狂喜的表情。上方是其他的雕刻图案，也带着谜一般的笑容。在这里，死亡看起来就像是一位朋友，像受人欢迎的美，就像爱人的拥抱一样。死亡是一种幸运的释放——无论是走向永生，或者走向遗忘。

这里是世界上最让人震惊的雕刻博物馆。这里的作品有着极高的品质，不仅仅保留有名字以及逝者的容貌，还抓住了他们的灵魂，展示了他们的希望、信仰以及渴望。在这里，人们相信，如果用钱可以换来最佳的艺术品来纪念人们，那么他们的名字和事迹就会万古留存。

斯塔列诺
公墓园远景

危地马拉的弗洛雷斯是一个旅游胜地

纪念逝者的仪式和玛雅古迹——

亚希哈（危地马拉）

　　我们来到了位于危地马拉城北部的村镇弗洛雷斯，它坐落在一片大湖中央的一个风景如画的岛屿上，处在分叉地形的两条狭长的第一个分支上。现在是 10 月 29 日，两天后——11 月 1 日——是这里的一个节日。节日的风俗和意象都反映出这一地区的古老文化和宗教，以及在 16 世纪早期被西班牙征服者带入的罗马天主教信仰。

　　或许，这个节日的日期能说明很多事情。在弗洛雷斯以及其临近的村庄，这个节日是从基督教诸圣日（万圣节）开始，一直持续到万灵节日，所以整个仪式被看成是一个纯基督教庆典。但事实并非如此——这个节日同时也会引起人们对于旧神的记忆，在这个地区，就是玛雅人的神。所以这个节日——国际上被称作亡灵节——是我的第一个探索目标，第二个则是玛雅。为了探究他们的历史，我计划去查访有着1800年历史的古城亚希哈，它坐落于雨林深处，距离弗洛雷斯一小时车程。

弗洛雷斯是一个旅游胜地。它坐落在古玛雅村庄的原址上，从17世纪末期开始被西班牙人重建，现在这里也逐渐有了一两层楼高的建筑，其中很多建筑上面有着古典的细节设计，并被刷以明亮的颜色。这里有着整齐划一的街道，中心有一座主广场和一座教堂，是典型的西班牙殖民城市。弗洛雷斯有很多的小旅店以及大量的餐馆和酒吧，但大多数都没有顾客。至于为什么——我来到这里的第一个晚上就遇到枪战，即使是餐馆停车场的保卫都配有手枪——危地马拉是一片危险的土地，这里有着超高的谋杀率，尤其是女性谋杀。部分原因是由于危地马拉坐落在从南美洲至中美洲到美国的违法毒品和移民要道上，很多极度贫困的人走进了社会上不法的阴暗面中。同时，这里也

弗洛雷斯街景

❶ 危地马拉内战（Guatemalan Civil War，1960 年 11 月 13 日 ~ 1996 年 12 月 29 日），是危地马拉历史上时间最长、伤亡最多的内战，历时 36 年。

1996 年 12 月 29 日，危地马拉政府与游击队组织全国革命联盟签署《永久和平协定》，宣告最终结束在这个中美洲国家长达 36 年之久的内战。

在这场战争中 14 万人丧身，上百万人流离失所。危地马拉军队对当地玛雅人的迫害近似种族灭绝，仅 1982 年 9 月就有 9000 玛雅人被杀。从 1983 年开始危地马拉政府方面的迫害开始减少，国家重新开始民主化，1985 年重新组织大选。危地马拉最近一次大选是在 2003 年组织的。但国家人民贫富不均的现象依然没有能够被解决，今天 1% 的居民拥有 60% 以上的可耕地和财富。——译者

受到最近政治和社会叛乱的侵害。内战❶爆发自 1960 年，持续了 36 年，它所带来的恐惧与仇恨在平静的表面下滋生，这些都是这里极度暴力的原因，而这种暴力正是这里生活和犯罪的主要特征。

诸圣日悄悄地到来了。人们前去公墓探望逝去的亲属，用鲜花装饰他们的坟墓。一些市场摊位开始售卖用于庆典的徽章，大多数徽章显然是基督教风格。我为此而感到惊讶。这里没有色彩明亮的骷髅糖果，也没有木制的骨架，这些是邻国墨西哥的亡灵节这个更加艳丽、更加著名的节日该有的特色。尽管两者意义是相同的。在这一天的有限时间内，逝者的灵魂会回到人世探望他们的村庄和家人。这些灵魂通过死亡，获得了一种超自然、可以预知的能力。因此，他们在世的亲属很希望可以让他们开心，取悦他们，如果可能的话，甚至可以在重要的家庭大事上征求他们的意见。同样，天主教的主要信仰也假定，逝者可以为了生者活得更好而给予他们建议。尽管庆典在基督教节日举行反映了他们的基督教信仰，天主教对这个节日依然非常警惕，事实上，这种活动并没有被官方认可为一种基督教行为。但是，就在湖泊旁边的一个村子里，一场愉快的和解达成了。节日的开始，也就是诸圣日的晚上，人们在天主教堂庆祝，古老的头骨被供奉在祭坛上。然而，为了让这一切能为基督教徒的情感所接受，这些头骨被归类为神圣的基督教遗骸。没有人确切地知道这些曾经都是什么人的头骨，可能属于长期艰苦斗争的基督教传教士，或是属于玛雅萨满巫医或是勇士们。

我在弗洛雷斯上了一艘小船，在日落之时穿过宽阔宁静的小河，划向贝登省的圣乔斯村庄。在这里，我将有机会在乡村教会中见证纪念圣卡拉维拉斯的仪式。我听说仪式结束后，头骨会在村子里挨家挨户巡回，带给每家祝福，

危地马拉的孙潘戈
在诸圣日当天举办巨型风筝节

并召唤、引导逝者的灵魂。穿过这条河就好比穿过冥河——即生死之河。富有戏剧性的是,恰巧在我靠近圣乔斯之时,太阳刚好消失在地平面上,我也于夜幕中抵达。

这是一座现代化的、明亮而热闹的教堂。祭坛上有三个头盖骨,每一个头盖骨的额头上都画有一个十字架。祭祀仪式很长,但是玛雅唱诗班的小女孩吟唱声却甜美无比。歌声中表达的普遍都是传统的基督教情感,尽管其中一首圣歌表现的是逝者灵魂的到访。之后,临近午夜和万灵节破晓时分,其中的一个头盖骨被放置到垫子上,仪式开始了。这个头盖骨开始了城镇之旅。我加入到一些朝拜者的队伍当中,跟他们一起来到第一户人家。我们走进去,一切已经准备就绪。屋子里面摆放了供桌，确切地说，是一个用于供奉头盖骨的祭坛。周围则是基督教的画像，基督或圣母玛利亚的肖像，还有几碗食物，甚至还有一瓶啤酒。这些放置在那里，是为了吸引和款待逝者的灵魂——这并不完全是基督教的信条。在头盖骨旁边，有一个十字架，但在这里这并没有什么确切的意义。对于基督教徒来说，它是一个耶稣受难十字架，但是对于玛雅人来说，十字架也是神圣的象征，让早期的基督教徒感到惊讶的是，玛雅人认为十字架代表连接三个世界——天堂、人世（受到水平十字的启发）和地狱——的生命之树。所以从这个意义上讲，十字架所表达的涵义是有多种解释的。

即使我是闯入私人仪式的陌生人，房主对我依然很和善。他们为我端来了食物和热巧克力。我说，食物不是为逝者提供的吗？的确如此，但是逝者享受的是气味，而我们却享用食物的实质。没错，我食用的是食物的物质的一面，而逝者食用的，则是食物的精神层面。仪式继续进行，头盖骨被带去祝福下一户人家了，但我留了下来与这家人

危地马拉的
玛雅文化遗址

古城亚希哈
曾经是玛雅文明繁荣之地

聊天。他们说，整个节日是为了欢迎并取悦已逝去的祖先，他们把这看成是与玛雅祖先和旧神之间最强有力的联系。我问他们当逝者与他们同在的时候他们是否能感觉到。他们都笑了，这是一个愚蠢的问题。逝者一直与我们同在，只不过今晚我们特别欢迎他们，并且他们也能够与生者共处一室。的确，我明白了。在这里，逝者被看成是生者的朋友，是生命的一部分，而不是生命的结束。我起身离开，又加入到仪式队伍当中。随着时间的流逝，仪式逐渐结束。最后只剩下一小群人在花园里安静地交谈，一些人则躺在路边，显然是已经进入了梦乡。破晓之时，我也悄悄地离开了。

今天，我想到玛雅文明当中，去追溯一下亡灵日的根源。玛雅文明从公元 200 年左右开始在中美地区盛行，一直到所谓的古典时期，也就是公元 600—900 年达到顶峰，之后就戏剧而神秘地迅速消失了。玛雅文明是中美

州最早也最让人印象深刻的文明，由许多城邦构成。我将
要去探索的地方就是其中之一——荒废、失落已久的河边
古城亚希哈。

　　这个城市坐落于宽广的河岸边，直到 1904 年才被一
位西方探险家发现。当年，一个名叫特波特·马勒的奥地
利人从一艘小船上着陆，让他倍感惊讶而又满足的是，他
发现了一些宏伟的建筑——台阶式的金字塔、平台和庙
宇——这些都藏在茂密的热带雨林中。整个城市很可能建
于 1800 年前，但是尚存的主要建筑则可以追溯到古典时
期的末期。在偌大的一块区域里分布着几处建筑群，但这
也仅仅是城市用于祭祀的神圣地带，这些建筑是金字塔庙
宇、瞭望塔以及宫殿。城市大多数的痕迹都已经消失不见，
在被遗弃的千年中饱经自然的风霜，并因此遭到破坏。

　　玛雅城市笼罩在各种各样的神秘之中。他们的文明十
分奥妙，但却倾向于野蛮的人类鲜血献祭，而他们伟大的
城市也迅速、完全地崩塌，直至被抛弃。最吸引人的一点
就是文明的自相矛盾，那些饱受剥削的普通人转而进攻他
们严苛的神灵，激烈地反对掌控这片大陆已久的玛雅精英
贵族。是不是气候变化、洪水以及饥荒揭露了这些神灵和
贵族的无能，从而引发了叛乱呢？没有人知道确切的答
案。可以确定的是，当西班牙人于 16 世纪到达这片土地
时，大多数城市早已经被遗弃了——尽管玛雅文明此时已
经支离破碎，但却保存了下来。这种文明给人以极其深刻
的印象，事实上，深刻到它彻底震撼了西班牙人，使得他
们不得不从道义上为自己征服和掠夺新世界找说辞，宣称
玛雅人都是野蛮人，只有信仰罗马天主教才可以拯救他们
的灵魂。然而，玛雅文明的遗迹却揭示了这一切的不真实。
玛雅人有自己的文字，创造了许多可被视为古代工程奇迹
的大规模的城市，建造了装饰精美的宏大建筑，掌握了数

墨西哥的
玛雅金字塔遗址

学、天文学，有着极其精确的历法，艺术和工艺也非常成熟，并且还有一套对西班牙人而言神秘莫测的理论，甚至似乎与基督教的某些方面异曲同工——如十字架和重生的观念。

现在，我看到了玛雅文明中首个仍然可辨的残骸，这些是马勒在 1904 年发现的建筑。一个平台、台阶式的金字塔以及一座又大又圆、有些破旧的石头祭坛。我继续向前走，在夜幕降临之前，我还有四组建筑要去参观，而且这些地方离这里有一段距离。其中包括一个瞭望塔、一组双金字塔群、一个由三座紧紧相接的台阶式金字塔围合出来的小广场——这无疑是最具视觉冲击力的建筑，以及亚希哈最高的金字塔。在那里，我可以看到整个城市以及湖泊。我决定日暮时分到达那里。

我看到树丛中间有一片宽阔的高地，上面长满了树木和灌木丛。我可以看出这里曾经是一座由巨大的石头堆砌

蒂卡尔的
玛雅遗迹

玛雅文字

的台阶式金字塔，现在只剩下巨大的底桩在被自然快速改变着。我望向东边，看到一条狭长的、平顶的南北向平台，这是这座城市的瞭望塔之一。关于这座瞭望塔的功用以及天文观测的应用方式有着不同的说法。然而，它的设计和起源十分清楚。从台阶式金字塔的东面台阶上望向东边，朝着三座曾经沿着平台顶部间隔排列的屹立着的庙宇，这里一年到头都一定是让人安心的瞭望之所。曾经，向北移动的太阳每一年都会在 3 月 21 日春分那一天位于中殿的正上方；在 6 月 21 日夏至那一天，太阳将从北边庙宇的最北端后面升起；到 9 月 23 日秋分时，再次到达中殿，只不过这次太阳是向南移动；最后，在 12 月 21 日冬至，落在南面庙宇的最南角。所以，这种复杂的结构记录着一年当中最长和最短的一天，记录着昼夜等分的日子。如今已无法确认玛雅人是如何通过观测天空而得出信息的，但可以确定的是，他们据此发明了一种极其精准的历法，可以以此计算种植玉米的时间，是预言的一种方式。这些都激发了玛雅人在生死交替、昼夜更迭中的创造意识，形成了一条无尽的连接线。

　　我在雨林中一直向前，继续寻找我的下一个目标。突然，眼前出现了三座金字塔组合。这些金字塔曾经得到过大量的修复，所以他们的几何形状依然清晰可辨。对于玛雅人来说，数字至关重要。它象征着，或者说，唤醒着自然和超自然的力量，它象征着过去、现在以及将来的世界。三座金字塔坐落于一处是有启迪作用的，因为数字 3 对于玛雅人来说至关重要，它代表着天上的世界、人类世界和地下的世界。每一座金字塔上台阶的数量也都各有其涵义。玛雅人相信，通往天堂有 13 级台阶，通往地狱有 9 级台阶。所以，9 和 13 是经常使用的数字。玛雅人也从色彩中看到了世界的方向和创造的秩序。例如，黄色代表南方、死亡以及沦入地狱；白色代表北方以及升入天堂。因此这些由切割精细的石灰石砌成的宏伟建筑——可以用石锤移动，而无需使用滑轮或者木轮——在当年都很有可能被涂成了最原始的象征色彩，这一定是十分壮丽的景观——这些几何分布、颜色亮丽的精致台阶一直通向天堂，每一座金字塔顶峰都有一座庙宇。

蒂卡尔的
玛雅庙宇遗址

关于玛雅金字塔
的画作

　　我继续举步向前，来到了一个小广场，广场上有树木点缀。这里是双子金字塔的遗址——一个代表着玛雅人对于宇宙的想象的绝佳场地。台阶式双子金字塔现在仅存破碎的土堆，分别坐落于广场的东面和西面。所以，太阳会从一座塔后升起，再在另一座塔后落下。这就是由生到死的过程，并划下了一条贯穿整个天空的巨大弧形轨迹。玛雅人认为，太阳在夜晚也会在地狱遵循相同的轨迹；而正是由于他们用以取悦众神的宗教仪式，太阳才会继续遵循这样的轨迹，从而在第二天清晨获得重生。所以，这里就是玛雅人微缩的宇宙——太阳经过天空，方形广场代表人类的平坦世界，南端的大门代表地狱。如今幸存下来的仅有一条长长的土堆而已。最初，这里有着9扇门，象征着9层地狱以及掌管地狱的9位神灵。里面是祭坛的残骸，或许曾经是统治者的雕像。这是一个上升的宫殿，国王可以从这里升入天堂与他的祖先相见。这种建筑群在当时是用来庆祝时间的——庆祝20个有360天的年的完成，即所谓的坎土司，同时，它也巩固了领导者被视为神

圣巴托罗的考古学家
正致力于保护玛雅壁画

明的地位。坎土司之所以值得庆祝，是因为根据玛雅人的纪年，他们的人数有限制。在他们的世界观中，创造是在循环中进行的，并且必定会有死亡，然后才会有重生。古典玛雅文字的译本显示，他们的智者算出了现在的宇宙创造于 5119 年前，几乎已经走到了尽头，并将在 2012 年 12 月 12 日被一场巨大的洪水终结。我将饶有兴致地等待这一天的到来。❶

当太阳开始"沉入地狱"的时候，我向我的最后一个目的地行进。这是一个巨大的，或者说亚希哈最大的台阶式金字塔，其塔角高耸于周围植物的上方。我爬上了台阶，一共有 9 级，由此可见，这座金字塔必定与地狱、死亡相联系。我来到了塔顶，风景引人入胜。我俯瞰着热带雨林，也看到了金字塔的几处残垣，以及远处的一片巨大湖泊。一切都很安静，树叶也静止不动，偶尔可以听到猿猴那深远怪异的叫声。金字塔的顶端上是一座庙宇的大量残骸，庙宇的部分梁托拱顶还依然存在——这是玛雅的建筑特色。现在，这座庙宇的大部分空间都是露天的，在过去却是黑暗无比，是供奉玛雅神灵的地方。这里也是最让人不安的活人祭祀仪式举行的地方。

人类祭品往往是战争中的俘虏或者敌人，他们会被带上金字塔台阶，身体被涂成蓝色，也就是祭祀的颜色。他们会被押制在一个拱形的石祭坛上，然后胸膛被插进一把锋利的石头刀，心脏被挑出，喷溅的血液被用于供奉神灵。

❶ 由于本书英文版出版于 2008 年，本中文译著出版时，早已过了传言中的玛雅预言日 2012 年 12 月 12 日。——译者

之后这些祭品会被扔下台阶，扔到金字塔的底座，在那里被剥皮。主祭祭司会佩戴他们血淋淋的人皮，在周围见证这一仪式的群众附近跳起肃穆的舞蹈。这些牺牲者的一部分躯体，如骨头和头骨会被保存。如果这个人是一位勇士的话，他的肉就会被吃掉，这样，他的英勇气概就会被活着的人所吸纳。这听起来耸人听闻，而这似乎也成了玛雅文明史上的一个污点。

但是，事情并非是表面所看到的那样，当然至少远非现代人眼中看到的。玛雅人投身于拯救世界的斗争中，以确保太阳每天都会升起。为了达到这一目的，他们不得不帮助并且供养那些为了他们而受苦的诸神。众神们最喜欢的，就是能给予他们力量的鲜血。对于玛雅人来说，所有的创造物都有神圣的生命精髓，他们把这种精髓称之为"库"，对活人而言，这种精髓就存在于宝贵的血液中。贵族们会贡献他们自己的鲜血，越是高贵的人，血液就会越优秀。王后们往往会用尖刺刺破她们的舌头，国王们则会将鹅毛笔插入阴茎，然后用鲜血供奉神灵。所以，人类祭品只是一种爱的表达，而不是恨；不是蔑视人类生命，而是人类可以供奉给神灵的最为宝贵的礼物，人类的血液是一种充满活力的液体，在保护世界的战斗中极其重要。

太阳不断西沉，我也陷入了沉思。此时的我，内心有一种平静。我发现对于死亡的这种积极反应——不论是在这里，还是在亡灵日仪式上——都让我感到安慰。死亡是延续生命的一种途径，死亡不是生命的终止，而是一位受欢迎的老友，是人类存在的自然循环的一部分。在这里，死亡不是一件痛苦的事。在这里，我仿佛看到了1200年前玛雅人曾看到的恐怖场景。太阳开始消失，一直沉入到地平线以下。他们肯定很想知道众神是否有足够的力量再把太阳托回来。我想到了一个与众不同的问题：人类是否已经给这个不幸的星球强加了太多的破坏，而使得不再有日出呢？或许全球变暖正好吻合了玛雅人对于洪水灾难的预言吧！我带着不祥之感从这座人造的祭坛上走下来。我必须要赶路了，夜幕已经开始降临森林，而我还有好长的一段路要走。

夕阳中的
玛雅金字塔

库特纳霍拉城的
巴洛克风格建筑

藏有千万白骨的华丽教堂——

塞德莱茨藏骨教堂（捷克共和国）

　　位于捷克共和国的库特纳霍拉城距离布拉格只有几小时的车程。在经过了一片缺乏活力的郊区以后，我们在傍晚的时候到达那里，并发现自己身处一个奇异的地方。这座城市修建于中世纪，建筑属于巴洛克风格，曾经是波西米亚仅次于布拉格的最重要的城市。它的街道修建于远古的城墙遗址之上，这个城墙原本属于圣巴巴拉教堂，而圣巴巴拉是建筑师和矿工的守护神——这提醒着人们，整座城市的财富都源于它所处位置上挖掘出的银矿。我走在去往塞德莱茨小镇的路上，这个小镇距离库特纳霍拉只有几英里远，此行的目的是去看一座教堂，从很大程度上而言，它是基督教世界里逝者的终极圣殿。我听说，这里面藏有4万人的骸骨，自从13世纪末期开始，这些人就埋藏于此了——以一种惊人的华丽方式埋葬。在这座教堂里，很显然，死亡不仅仅是一场狂欢，同时也是一种美丽，一场视觉的奇迹。

欧洲基督教对于死亡以及处理尸体的态度极为特别。它似乎集其他古老宗教的各种理念于一身，试图组合出一种奇怪、矛盾——即使说不上是神奇，但也很独特的——关于重生和审判的观念。三大宗教，即犹太教、伊斯兰教以及基督教都将亚伯拉罕作为他们的先知，都相信最后的审判：当逝去的人经历重生的时候，作恶者就被发配入地狱，行善者则升上天堂。这种信仰使得人们要保留周身的骨骼。基督徒的这种信仰更为明确、更为强大，因为基督本身也经历过重生。因此，对于基督和基督教信仰来说，死后重生是其教义的根本。

在过去，人们比现在更尊崇这些经文，因此认为在人去世后保存遗体是一件至关重要的事情。自然而然地，人们便开始担心如果遗体丢失那就无法重生了；没有重生，就不会有审判，也就失去了升上天堂的机会，也就无法与基督一起获得永生。对于中世纪的人来说，躯体

米开朗基罗的壁画《最后的审判》很好地诠释了基督教审判教义

位于捷克的
西多会修道院

的死亡或者是消散就意味着灵魂的死亡或者消失。唯一确保身体得以安全保存的方式就是死后将躯体埋葬在受过祝福的土地上，以此阻止恶鬼入侵，防止其偷窃肉身。在这片神圣的土地上，躯体可以完好地保存在棺木中，也可以被移动，骨骼会以最为方便的姿势堆放起来。他们认为，上帝极富智慧，他可以在最后的审判之时，将分散的骨骼以正确的顺序进行组合。最重要的就是骨骼留在被保护起来的圣地中，并得到了足够的尊重。塞德莱茨教堂正是这一理念的建筑表达。

1142 年，一所西多会修道院在塞德莱茨修建，1278年，其男修道院长在耶路撒冷从他所认为的基督刑罚遗址中收集了一些土壤。当他回到塞德莱茨，他把这些土壤撒在了修道院的墓园中，大家普遍认同这种方式可以将塞德莱茨的一部分变成圣地。这对于修道院以及当地居民有着巨大的好处。中世纪时期，所有的基督徒都相信朝圣可以使灵魂净化；而前去参观或者朝拜古代圣人的圣地或遗址，可以缩短人们在死亡与接受审判之间的炼狱时光——再善良的人都会经受炼狱的考验。前往圣地朝拜是每一个基督徒所向往完成的事情，因此，在波西米亚人眼中，埋葬在塞德莱茨相当于到耶路撒冷朝拜，是一种真正的福分。

对于修道院来说，人们渴望葬在其圣地的愿望带给了它名气、朝圣者和财富。修道院变得富足，此后在其著名的墓地上修建了一座精致的小礼拜堂，又另外修建了一座大型主教堂。在后来的 140 年中，成千上万的人来到这片圣地，这其中包括黑死病患者——这是一种传播于 14 世纪 40 年代的疾病。出于礼拜仪式的原因，这个小型墓地无法扩建，因此只能通过不断地清空墓地来满足需要，同时将骸骨有序堆放在礼拜堂下的藏骸所或者藏骨堂中，以等待重生。然而，突然之间，这样一个平静、有益、有秩序的基督教生死轮回之所被灾难压垮了。

15 世纪 20 年代，波西米亚罗马天主教教堂的改革引发了被处决的牧师扬·胡斯的追随者与圣罗马帝国保守党派之间的斗争。这场被称为胡斯战争的宗教战争历时 15 年多，罗马天主教为了镇压这些想要从天主教堂繁文缛节和权力中解放出来的人民，引发了许多暴力流血事件。十字军也参与了反对胡斯信徒的战争，歇斯底里的天主教宣

塞德莱茨公墓

布他们为异教徒，但最终由于胡斯信徒强大的军事力量使得罗马天主教无法将其摧毁，最终两者之间达成了一次并不稳定的和解。但是，就在这场野蛮的斗争中，富有又强大的天主教机构，如塞德莱茨的修道院自然而然成为了胡斯信徒表达愤怒的目标。1421年，这座修道院被洗劫一空，主教堂内部也被大火焚烧干净。战争于15世纪30年代中期结束，此时的塞德莱茨已经荒废了。战争中死去的人的尸体依然被埋葬在了教堂墓地中，但是修道院的黄金时代却再也一去不复返，因为世界已经改变了。

在之后的200年中，主教堂一直是一个空壳，尽管经济非常窘迫，但是教士们仍然留在那里。即使在塞德莱茨圣地埋葬的风气逐渐消散，修道院也依然担负起照料数千具基督教徒骸骨的职责——这也意味着要照料他们的灵魂。那么，接下来做了什么呢？1511年，一位教士开始解救和整理这些遗骸，大约4万具骸骨被他安置在各个修道院的大楼中。这位尽职的牧师保存起来的骸骨正是一个奇异世界的基础，而我则即将要去参观这个世界。

我到达了塞德莱茨，看见了一座小型的中世纪小礼拜堂，旁边是一个同样小巧又整洁的公墓，公墓中是排列得密密麻麻的难看的20世纪墓碑。在进去之前，我环顾四周，我很想知道从周围的这些东西中可以看出什么关于17世纪修道院命运般复兴的事情。这是波西米亚历史上一次创伤性事件的结果：捷克人的胡斯信仰指引他们成为了新教主义改革的一部分，并在1620年白山战役中败于罗马天主教，这使得罗马主教在波西米亚和捷克的权威再一次加强，更重要的是，这粉碎了捷克人的独立精神。这次天主教复兴的结果，就是使得在塞德莱茨的西多克修道院重新得到了修缮，同时，从17世纪末期开始，新的建筑也逐渐修建起来。但是现在，复兴的迹象并不明显。大多数这一时期兴建起来的建筑已经消失不见。然而主教堂仍然存在，其中世纪的外墙便是由扬·桑蒂尼——18世纪早期一位著名的波西米亚建筑师——所设计的，他的艺术特色是受到哥特影响的巴洛克风格。他的作品十分奇特并富有原创性，但是，大教堂的内部却并不那么打动人。内部宽敞空旷，哥特风格并不是很浓郁，旁边是一幢更加宽阔且修缮良好的修道院大楼，目前被一家烟草公司占用，他们最近希望将公司扩建到大教堂那里。我为他们这种想将教堂改建为办公室的企图感到惊讶，于是我请教当地的修缮者给我解惑。难道波西米亚现在不是一个虔诚的罗马天主教国家吗？他笑着解释道，其实是主教教区想出售这个大教堂！这太不可思议了！他说，的确，从理论上讲，波西米亚是天主教国

塞德莱茨
主教堂

家，但这里的居民却天生是无神论者。所以，如果大多数捷克人是无神论者，那么这座基督教圣地能够幸存下来就更奇怪了。这里的人民现在到底如何看待这件事情呢？

我走回到墓地，经过了一幢 18 世纪的房屋残垣。这座房屋曾经属于强大的施瓦森保家族，在 18 世纪 80 年代西多会修道院解散的时候，他们得到了修道院的财产。我走近礼拜堂，发现这里实际上是中世纪建筑风格，但是低矮的部分是后期才修建的地下室。这里的结构曾经有过大型的改动，这也解释了为什么礼拜堂的正面向一边严重倾斜。我观察着地下室墙面上的细部装饰，当然，这一切都是 18 世纪早期的作品，是桑蒂尼的作品。我首先来到了礼拜堂的上半部分。我沿着台阶往上走了一段后便来到了一片壮丽的天主教世界中——阳光透过高高的拱形窗户倾洒下来。一切都与生命、与重生相关。下面的地下室就是逝者的世界了。这个世界才是我所真正感兴趣的地方。我离开光明的地方，来到一楼，进入了最为奇异的世界。到处都是人类的骨骼，大概有成千上万副之多，为了赏心悦目与舒适，骨骼被整齐地排列起来。我经过这些摞在一起的头骨以及其下的长骨头挂饰，突然意识到这种设计正是在模仿巴洛克式的天使，是丘比特式的儿童形象，他们的脸庞漂浮在翅膀之上。这里究竟会是怎样的世界呢？

答案相当复杂。当桑蒂尼在 1700 年左右接受重建并扩建地下室的任务时，他创造了一个令人惊异的巴洛克式

塞德莱茨藏骨教堂
内部

骨骼纪念碑

的死亡剧场。他从教堂底部将地下室向四面延伸，在新的穹顶简单装饰着哥特细节，并装饰以高高的、椭圆形的窗户，这些窗户几乎与地平面同高，照亮了整个地下室。这些窗户照亮了堆积如金字塔一般排列得井然有序的骨骼——底部是大块的骨头，中间是中等大小的骨头，头骨则摆放在最顶端。当桑蒂尼发现这座被抛弃的教堂时，他发现这里堆满了 16 世纪早期的人体骨骼。他想到的解决办法就是将这些骨骼变为装饰品，但要具有象征形式与意义。于是，他把骨骼重新排列成六个金字塔形的骨堆，每一座大约有 10 米高，代表在最后的审判时用以唤醒逝者而敲响的钟。1741 年，一位具有戏剧性思维的设计师在地下室创造了四个方尖碑，每一个方尖碑都用一层层头骨装饰，上面是用木头雕刻而成的小天使，他们吹着喇叭——提醒民众时间终止时的号角。这些骨骼堆成的纪念碑想要表达的意思已经显而易见了。他们想表达的是生命的短暂，想提醒我们总有一天我们也会像这里一样，死亡，并等待接受审判。他们鼓励我们在有生之年要好好行事，以避免死后接受惩罚。最令人惊异的是，这些骨骼纪念碑是在 18 世纪修建的，当时人们早已开始偏好私人墓穴，因为私人墓穴是他们的纪念碑，并且会将他们的骨骼一直保存完好，直到审判日的到来。而这些骨骼却被展示出来，且按照骨骼的类型和大小组合在一起，而并非是按照个人，这完全就是中世纪的感觉，也只有 18 世纪早期才会创造出这样的作品，因为这些骨骼早已分散各处，分不清主人了。这就更增添了这个地方的神秘感，逝去已久的人的骨骼在传递给生者以讯息，从而对未来进行暗示和指引。

但是，与 19 世纪末期的藏骨堂相比，18 世纪对于逝者遗体的处理方式根本不值一提。施瓦森保家族决定对这一切进行整理，到了 19 世纪 60 年代晚期，他们雇佣了当地一名名叫弗朗缇斯科·林特的木刻师傅，他似乎有胆量征服这里的强大气场。他拆除了桑蒂尼设计的两个具有象征意义的铃铛，并用漂白后的骨骼做了各式各样让人惊叹的装饰。他用骨头做了一盏巨大的吊灯，吊灯由人体所有的骨骼构成，并用头骨作为彩灯，又做了颇有象征意味的圣杯和藏骨匣。也许最令人感到不安的是施瓦森保家族的巨大盾徽上有一副鸟儿啄食一名土耳其穆斯林俘虏眼睛的图像。

藏骨教堂中
用骨骼所做的圣杯装饰

藏骨教堂中
用骨骼所做的吊灯装饰

虽然维护教堂需要很多花费，但是一车一车的游客来访也带来了一点利润。从这种意义上说，死亡具有一种震慑人心的魅力。我问牧师为什么人们趋之若鹜地前来此地，是不是有某种精神力量吸引着他们？或者是因为某种让他们回忆起死亡的发人深省的经历？他笑了。回答我说：不是，很多人来这里仅仅是为了看。但是，我是怎么想的呢？对我来说，这里会让我们想起西方基督教的某个时期，在那个时候，死亡只不过是生命的一部分，逝者也可以教会给生者以道理，让他们过有道德的人生。虽然不同的人看待这些骨骼的视角不同——有人认为恐怖，有人认为有趣——但这也反映了人类对于死亡的一种开放而积极的态度。在林特的创作中，卑微的骨骼变成了可以展示人体工程的奇妙并充满魅力的艺术品。在这里，逝者被用来创造艺术以期教育活着的人。这要比现在西方世界中人与死亡的关系更加健康，那里尸体会被尽可能迅速地火化，就好像要隐藏死亡的证据一样。的确，不论喜欢与否，我们最好都要熟悉死亡，因为我们每个人早晚也会面临这样的时刻。

哈特谢普苏特
女王祭庙

以建筑表达不朽和永恒——

哈特谢普苏特女王祭庙（卢克索，埃及）

　　就在太阳落向尼罗河西岸的时候，我到达了卢克索。
这里曾经被人们称作是底比斯，我的面前，就是被古埃及
人看作死亡之地的地方，每个夜晚，太阳都沉没——或者
说，消失于此。在太阳升起之前，我将穿过尼罗河到达死
亡之地，去埃及历史中最为神秘的人物的坟墓和祭庙——
这个女人在大约 3500 年前作为男性法老统治了埃及。这
位统治者出生时的名字是马特·卡莉，但是人们更为熟悉
她的另一个名字——哈特谢普苏特。

　　我于第二天清晨来到了墓地，墓地入口只不过是山脚
下打开的一个大洞，这座山从东面将山谷覆盖起来。很显

然，整座坟墓从来没有完工过，墙面粗糙无比，没有任何绘画或者涂抹泥灰的迹象，地板上则是一层厚厚的尘土和石砾——下去的路也十分陡峭。埋葬室位于入口以下200米的地方、通道曲曲折折，似乎建造者在建造之初是为了找寻什么。终于，我来到了地势低洼的石头过梁。我们在其坍塌的表面下面蜷着身体向前行进，这是第一个埋葬地，看起来像一个天然的洞穴。在一个角落里，有一条狭窄的过道通往一个更小的房间，1902年哈特谢普苏特的石棺就是在那里被发现的，同时被发现的还有她父亲图斯莫斯一世的石棺。

　　在被发现的时候，石棺空空如也。里面的东西在很久以前就被人拿走了，其中有卡诺匹克罐子（一种用来保存人体器官的容器），一副可能画有哈特谢普苏特的神

古埃及第十八王朝
女王哈特谢普苏特雕像

奇的沙瓦巴提 ❶ 随葬俑，一只石头容器，上面刻有哈特谢普苏特的名字。所以，现在这里面几乎没什么可看的。尽管如此，我还是想感受一下这个强大的、谜一样的女人在人世间最后的安息之地。然而，对她的寻找直到现在才刚刚开始。这间坟墓的建造者们挖掘到了地底更深的地方，他们确实是一直在寻找，寻找一处离我头上几百米的地方。当我在这间埋葬室蹲下来时，我就身处这座祭庙内部了——哈特谢普苏特当年在辉煌的太阳下建造了这座祭庙。很明显，墓地与寺庙是要共同发挥功用的，以确保哈特谢普苏特的灵魂在离世之后可以完成一次安全之旅，以获得永生。

祭庙是我的下一站目的地。我爬出墓地，爬上了墓地前的这座高山。在这座山的东面就是哈特谢普苏特的庙宇了——事实上庙宇的一部分延伸进了山中。这座庙宇最重要的目的就是在哈特谢普苏特死后保存她的名字和记忆，以确保她可以获得永生。埃及人相信，只要一个人的名字还活着，那么他的灵魂也会活着——这是他的精神和生命力；如果他的名字被破坏或者被遗忘，一切也就消失不见了。因此，为了能够在死后永生，就必须要保留灵魂，也就是精神。事实上，这是一座永恒的建筑，因为祭庙就是应该长存的，这也是埃及最为戏剧性、最让人激动的建筑。这座建筑设计得非常宏伟——由一系列的庭院和平台组成，一层一层越来越高，一直深入到神圣的山脉内部，就

❶ 原文 shawabati，古埃及文，原意为"答者"，又名"巫沙布提俑"，亦作沙布提、沙伯提、沙伯替。是随葬俑，埃及用于葬礼的一种小型雕塑（即身体为木乃伊），目的是为了让它们去完成地神可能要死者去完成的各种任务。上面一般写有死者的名字以及《亡灵书》第六章的铭文，大意是：我服从您的召唤，为您尽心竭力义无反顾。——译者

仿佛从山里长出来一样。建筑工艺无可挑剔，至今仍然保持着雄壮无比的存在感与力量，即使到现在大部分已经丢失不见，可见的部分也是最近 100 多年前重新修建的。

如今庙宇里面有一个巨大的前庭，几近方形，早先是通过支柱塔——一个纪念牌坊——进入的，但现在它早已经消失不见。前庭的西端是一排矩形石墩，里面建有一个放有画卷和象形文字的长廊。众多石墩的正中间是一个宽大的斜坡，一直延伸到第二个庭院。这个庭院是一个黄金分割的矩形，长边与下面的庭院平行。同时，在西侧也有一排石墩，里面也有一个走廊。而长廊的南端和北端则是两个建筑，虽然都属于庭院的一部分，但建筑风格却明显不同。南面的建筑物是哈索尔神殿，可以通过一排稍靠前的石墩进入。哈索尔是一位伟大的孕育女神，她经常以母

祭庙前庭

祭庙中有着哈索尔雕像
的石柱

哈索尔头像
的细部

牛或者头顶牛角夹圆盘头冠 ❶ 的漂亮女人的形态出现。她是底比斯的死亡女神，也是寺庙所在的西面大山的拟人象征。作为一位伟大的女性权力的象征，哈索尔既是一位受人尊敬的妻子，也是一位神灵国王的母亲。对于哈特谢普苏特来说，哈索尔有着特殊的意义——就在现在已经露天的神殿内部，有着底部是巨大女性头颅的石柱，每一个都是哈索尔的形象。

　　长廊的北面是阿努比斯（亡灵之神）神殿——木乃伊形的豺狗头天神，它的建筑与众不同。这里却有着带有凹槽的圆形柱子，而非石墩。我驻足观看，一切都令人惊异。整座庙宇建筑非常简单，基座和过梁的建筑式样被真实地表现出来，极简派的建筑风格使它看起来超越了时间，十分的现代。这些石柱表明，这座寺庙与建筑的起源息息相关——或者是古典建筑，因为这些建筑的外形和细部都是希腊多立克柱式的先祖。

　　在第二个庭院中有一个斜坡通往北面，通往一个狭窄的平台。这里方形的圆柱都面向巨大的欧西里斯（地狱判官）雕像——他是地狱之神，也是冥界之王——但其中仅很少一部分完整保留了下来。放置欧西里斯肖像很符合祭庙的标准，尽管这

❶ 据维基百科，哈索尔的头冠应该是牛角夹着蛇缠绕的太阳圆盘。——译者

阿努比斯神殿中的壁画

欧西里斯雕像

些肖像非常典型，它们也是为了代表哈特谢普苏特而建。在这些雕像中，她既是法老又是神；既是死后灵魂将被审判的人又是审判她的行为是否正当的判官——判定她是真理之音，还是应该被人遗忘的。

穿过寺庙本身就是一次旅程——有些人去追寻他们的灵魂，也有些人去追寻神灵。我想追寻的是另一个人的灵魂和精神。这个地方能传递给我关于这个女人的什么讯息呢？——她迎难而上、冲破传统，牢牢掌握住了统治权。她是法老图斯莫斯一世和阿莫斯王后的大女儿，然而她却自称是阿蒙拉神 ❶ 的女儿。她嫁给了自己同父异母的兄弟图斯莫斯二世，守护着她的继子和侄子图斯莫斯三世。在她的丈夫去世之后，她首先作为摄政王替图斯莫斯三世统治王国，之后很快就推翻了他的统治，而自己作为法老独揽大权长达 20 年之久。这一切都让人感到惊异。它挑战了埃及的秩序与和谐、真理与正义——-埃及人把这些称之为玛特 ❷。根据这个观点，法老的职责是保持诸神建立的宇宙的正确秩序，这是反对混乱和黑暗势力的斗争的一部分。所以平衡与和谐是最基本的标准。一个国王与王后的共同统治被看成是正确秩序的表达，也就是真理正义之神的表达，这与男和女、冬和夏、白天和黑夜、光明和黑暗一样，都是最基本的原则。一个女人要像男人一样统治国家，没有王后的情形是非常奇怪的，是违背真理正义之神的。那么，哈特谢普苏特又是如何做到的呢？宣称自己是神灵的后代就足够了吗？

❶ 原文 Amun-Re，是八神会（Ogdoad）之一。原来仅是底比斯的地方神祇。第十八王朝，阿蒙才开始成为埃及普遍承认的神，排挤着埃及的其他神祇，甚至走出埃及成为宇宙之神。太阳神"拉"的名字有时会与阿蒙的名字结合起来，特别是在他作为"众神之王"的时候。在埃及，天堂的统治权属于太阳神，而阿蒙就是最高神，因此从逻辑上说，阿蒙就是"拉"。——译者

❷ 原文 Maat，代表真理、平衡、秩序、公平等，但有三层含义：一是代表真理秩序之概念；二是代表真理与公平之女神；三是表示真理秩序之原则。文中应该是采用了第一层含义。——译者

祭庙的走廊

祭庙中巨大的石柱

　　当我穿过庭院的时候，我意识到从庙宇本身的设计就可以得出一部分答案。哈特谢普苏特确保这个保留她记忆的地方会成为惊人的纪念碑献给真理正义之神玛特——就好像是要弥补她上台所造成的不平衡性。这种设计表现出极度的和谐与平衡以便掌控原生态的大自然、最原始的混乱——而这是由寺庙周围粗糙不平的悬崖表面象征的。整个寺庙就是真理正义之神的拟人化象征。这是一座平衡的建筑，它创造了秩序和真理，用以对抗混乱。平衡之感贯彻了几个世纪，从而成为永恒——现在我依然能感觉到。

　　但是，祭庙不仅仅与精神力量和重生有关，这里也是建造者们展示自己俗世成就、展现自己血统的地方。这里可以成为极具政治性的地方，哈特谢普苏特的庙宇也毫不例外。在长廊里面，第二个庭院支柱后面一系列精心设计的场景正是为了用哈特谢普苏特统治的正统性和价值震慑来访者。北面的墙上画着这位法老出生以及登基的神圣情景。这些绘画现在已经斑驳不堪，但仍可以辨认出阿莫斯，也就是哈特谢普苏特的母亲被阿蒙拉神探视的情景。但是，由于图像中阿蒙拉神是以王后丈夫图斯莫斯一世的模样来访的，因此也显得非常体面。

祭庙中画着哈特谢普苏特的母亲阿莫斯的壁画

据说，阿蒙拉神想要为王位创设一位法老，当他完成这项任务的时候，他揭开了这位"神圣陛下"的名字，这个阿莫斯即将诞下的孩子将"仁慈地统治整个世界"，当然，这个人就是哈特谢普苏特。最后，我们跟着这些图画了解她的历史，一直到她登基并被阿蒙拉神承认为自己的孩子。这是维持王权强有力的工具——挑战哈特谢普苏特的王位和权威就会被看成是挑战阿蒙拉神。

我走向庙宇的上一层，来到了它最为神圣和秘密的地方。我走上第二个陡坡，进入上庭。转身向左，我看

阿蒙拉神雕像

见了一座殡葬群，里面包括哈特谢普苏特和她凡人父亲的神龛。我走进一间房，其中部分修进了崖面之中，看起来十分的不同寻常。墙上面是一列列行进中的人，每一个人都拿着贡品。在这间房间里，人们向哈特谢普苏特祷告，为她献上贡品，为她焚香，因此她的灵魂得以留存。在房子的最里端，是一扇装饰门的遗迹，这扇门不通向任何地方，是一扇假门。事实上，这是一扇不通向物质世界而是通向天堂的门——哈特谢普苏特的灵魂就是通过这扇门进入再离开祭庙，从这扇门里进入、离开下方的墓地。

现在我只剩寺庙的内部神殿没有参观了。这个神殿是用来供奉哈特谢普苏特的"父亲"阿蒙拉神的。这里也成了底比斯一年一度的伟大宗教庆典的重要场所之一。在"河谷的美丽节日"期间，阿蒙拉神的帆船，也就是天堂之船在太阳升起的时候就会划过天空，从他的卡纳克神庙来到这一圣殿。哈特谢普苏将寺庙与底比斯伟大的太阳神联系起来的行为，实际上是一种英明的政治举动。但是当我看着这一神殿的入口的时候，阿蒙拉神正要离开——太阳开始西沉。而我则想在第一缕阳光出现的时候进入神殿内部，想与阿蒙拉神的能量一起，来到这里。

当距离冬至还有几天的时候，我身处卢克索。这个时刻是一个阴历年结束，另一个阴历年开始的时候。我很想看看天神们的这一特别安排是如何影响寺庙的。我在黎明之前回到了这里，眼前的景象完全没有让我失望。当我走上斜坡来到神殿内部，太阳在我身后升起，的确就正正好好在我的身后！当我走向阿蒙拉神神殿——狭窄的神殿深深嵌进了崖面——的时候，神殿在金色的阳光中泛着红光，用一种特别的方式照亮了神殿内部。太阳的光芒直直地穿过上庭的大门，进入神殿中央。我现在可以清楚看到阿蒙神的祭坛，以及他的影像和帆船所在的地方。那一定是一番让人惊叹的景象。色彩明艳并装饰有金色叶子的肖像和神殿内部一定会闪耀无比，焕发着生机。我来到庙宇的门槛，转身望向太阳，望向这条消失已久的通往尼罗河和卡纳克神庙的道路。当然，哈特谢普苏特和卡纳克神庙被太阳有力地联系到一起，事实上，当我望向东方时，我发现太阳刚好从哈特谢普苏特在卡纳克建造的方碑与巨大桥塔中间升起。她想在这一片神圣的土地上留有痕迹，想标记太阳升起和沉没的地方，想将自己的祭庙和卡纳克神庙通过长长的东西向轴线连接起来——这个东西向轴线就代表着太阳及其能量的轨迹。

　　现在，我进入了散发着光芒的神殿。在前厅，有一个

阿蒙拉神神殿中关于
哈特谢普苏特的壁画

卡纳克神庙

已经损坏的哈特谢普苏特和她女儿的画像。她的女儿充当着她母亲的法老王后的角色——女儿是母亲象征性的妻子。这可以理解成是哈特谢普苏特的诡计，因为她很清楚，自己的行为违背了真理正义之神。这是一种试图恢复秩序的方法。然后是食物的图像——是通往地狱之路上的供给。在这里，即使是阿蒙拉神的形象也受到了破坏。这是100多年以后阿肯那顿法老在位时破坏的，他试图用他心目中唯一的真神，即阿托恩神代替古代的埃及神灵。

现在，我来到了神殿的中心位置。在一面墙上，哈特谢普苏特的一幅画像竟然奇迹般地保存下来，画中的她是以法老的姿态呈现出来的，正在祭拜阿蒙拉神。这幅画像上面是她的王名框 ❶，虽然有所损坏，但却清晰可辨。上面写着她出生时的名字，玛特·卡莉。所以，哈特谢普苏特所有的尘世之物都没有受到破坏。但是，她已经在地下

❶ 原文 cartouche，是自古王国第四王朝开始的，是书写法老名字时专用的图形符号。一个瘦长形椭圆框为主体，下面一条短边切线。据说短边代表地平线、椭圆框代表太阳。框内用象形文字书写着法老王的名字。合起来表示"被太阳照拂的名字"。有时候为更好地配合象形文字，椭圆框会横着，然后直线会在左边。

——译者

哈特谢普苏特的女儿
在她导师的怀抱中

生活了上千年了，没有贡品，没有朝拜者。她一定饥饿难当。
我在她肖像的下方点燃了一些焚香，想为她提供些供品。
哈特谢普苏特得以生存，是因为她一直被人记得。这位伟
大的女性法老以她坚强的意志控制了一个男性的世界，她
并没有被遗忘，她的敌人也从未征服过她。

哈特谢普苏特女王雕像

瓦拉纳西神圣的恒河
吸引了成千上万的朝圣者

恒河河岸的终极死亡之城——

瓦拉纳西（北方邦，印度）

❶ 也为"三相神"，在梵文中原意
为"有三种形式"，是印度教里的
一个概念，"将宇宙的创造、维护
和毁灭的功能分别人性化为创造
者梵天（Brahma）、维护者或保护
者毗湿奴（Vishnu）以及毁灭者或
转化者湿婆（Shiva）"。这三位神
灵被认为是"印度教的三合一（the
Hindu triad）"或"伟大的三位一
体"，或称为"梵天－毗湿奴－湿
婆"。——译者

　　我乘车来到了印度人所认为的神圣的尘世中心。据印度
人所说，瓦拉纳西是"创造"起源的地方。如今，那确切的"创
造"地之上已是一片荷花池，据说那就是毗湿奴——印度教
的三大神灵 ❶ 之一——第一个创造的成果。在这里还可以看
到他的脚印，这里也因此成为朝拜者最主要的聚集地。这些
都是神灵一直存在的象征。

　　我穿过城市郊区，那里聚满了人群，热闹无比。这种景
象让人无法相信瓦拉纳西是终极的死亡之城。这里是印度人
前来等待死亡的地方，或者至少是他们长久以来接受火化，
并把骨灰扬撒在恒河的地方。很简单，他们认为只有这样做，

灵魂才能得以解脱——在永恒与痛苦的生死循环中解脱。能够在这里离开人世，就意味着救赎，这是一种令人愉快的经历，也让生活变得更加有意义。事实上，即使是能够来到瓦拉纳西朝拜并沐浴在恒河当中也是一种福气。有人告诉我说，这里不仅可以洗清前世与今生的罪孽，也可以让人免于在来世犯错。这是多么吸引人的承诺啊！难怪这里涌入了如此多满怀希望的人们。

　　我来此的目的是想见识一下与这些奇特的礼教有关的仪式，同时也感受一下与圣城相关的建筑。我穿过了宿营地，看到了日趋衰败的英国统治时期建筑物，其中包括一座教堂——据说它名为圣玛丽教堂，曾经华丽无比，19 世纪早期是国教教堂，之后却被遗弃——以及粉刷过的带拱廊的小平房。我经过了印度教寺庙和神殿，穿过了著名的朝拜路线潘克拉什，这是一条 50 公里长的路，沿路有 108 座湿婆神殿。这条路线划出了瓦拉纳西的神圣中心，并从瓦鲁纳河一直延伸到阿西河，两条河流最终都注入恒河。每隔一段距离我都会看到遗体。这些遗体用亮色的布包裹并以鲜花装饰。有一些放在棺材里，被家人与缅怀者抬着；另有

瓦拉纳西的
火化场地

恒河边的
沐浴者

❶ 原文 Ghat，本义是河边石梯，
而恒河边的这些 Ghats 则指大大小
小的用来洗浴和火化尸体的地点。
音译为"卡德、迦特"，网络意译
有"河坛、码头"等，印度旅游
官网上译为"渡口"和"浴场"，
译者注为"石阶码头"。——译者

一些则被捆绑在汽车顶棚上面。所有的人都朝着河边一个
个火化场地行进，基本上所有这些遗体很快都要接受火葬。
很多人没能在瓦拉纳西死去，但是能在这里进行火葬也是
一种福气。

之后，紧跟着这一连串遗体，我来到了更为紧凑的街
道和小径上，它们一直延伸到河边，连接着河堤上的石阶
码头 ❶——一级级台阶石梯以及河岸边成排的建筑物。这
些建筑物有着不同的名字，他们的功用和使用者也略有不
同。有些地方只为某个等级或者社会或宗教团体的人服务，
还有些只服务于某个特定地方来的人，但是他们都一致信
奉伟大的恒河女神，也包括那些人类的尘世躯体燃烧成灰、
灵魂得以解放的地方。根据印度教的信仰，这条"天界之河"

是恒河女神的写照，这里的水则代表了湿婆积极的能量。印度教相信，恒河水会从天上流到尘世中来，它的水流混进湿婆的头发里，阻止她对人间进行破坏。同时，这些水流也穿过印度的心脏——从喜马拉雅山贯穿到孟加拉湾，为印度带来能量。这里的石阶码头本身就是某种奇特的建筑混合物。就在阿西河与瓦鲁纳河中间，沿岸大概有 80 条左右，尽管瓦拉纳西本身是一个古老的地方——有人认为它是世界上最古老的城市之一——这些石阶码头还相对崭新，不超过 300 年。它们展示了不同的地域特色——由波罗奈斯和麦索尔王公修建的石阶码头看上去都很豪华，有一些甚至有装饰性水闸。如今这些水闸都在水流达不到的地方，但是当恒河发水的时候，这些水闸却非常有用。其他的石阶码头也给人以视觉上的冲击——庞琦亚娜石阶码头颇具现代化风格，其大胆设计的红白相间的条纹

恒河边上的
石阶码头和朝圣者

与一条简易的台阶一起形成了一道强烈的抽象组合，同时也非常实用，河边的小屋可供沐浴者使用。

因为已与人有约，所以我现在得离开这里了。这个约会有些特别，因为我是与死亡有个约定。这座城市最为特别的机构之一就是临终

瓦拉纳西的
临终关怀旅社

关怀旅社，我现在就前往这样一个地方。建造临终关怀旅社的提议很明确，因为三条河流与潘克拉什朝圣之路界定出了神圣的瓦拉纳西中心——被印度人称为喀什——而能死在这里并在这里进行火葬是一件大有裨益的事，所以许多人为此而来。生病的人、病入膏肓的人被亲人送到这里——甚至有一些是远道而来的——他们会寄宿在临终关怀旅社里等待生命的终结。我就是要走进其中一间临终关怀旅社，看看人们是如何保证自己从这个世界解脱的。对于一个西方人来说，这毫无疑问是一段奇异的经历。我们把死亡看成是非自然的东西，害怕它、恐惧它，甚至不敢提及它。但是在这里，在很大程度上而言，如果死亡是以正确的方式发生的话，应该是一种愉快的经历。整个家庭来到这里，就是为了确保他们所爱的人得到了关爱、看到了感恩、受到了尊敬。

　　我穿过狭窄、拥挤的街道，来到了这个离别之所。我无法想象在这些嘈杂、喧闹的人群中等待我的是何物——我将要体验的是一种怎样的情绪、氛围的强烈对比？我感到忧虑，甚至有一点害怕。最后，我到达了目的地，这里叫做莫克提伯哈旺 ❶。这间由石灰粉刷的房屋是印度特有的古怪、古典的风格，它正在渐渐崩塌——我想这是正常的。当我靠近的时候，注意到主门上面雕刻的醒目的"1904"字样。这是一件有趣的作品，建造之初它是朝拜者寄宿的地方，到了20世纪50年代，德里富有的财团家族将其变成了临终关怀旅社。而现在，这里则是一处慈

❶ 原文 Muktibhavan，Mukti 是梵文，"解脱、涅槃"的意思，而 bhavan 是"（印度的）大房子、大楼"的意思。——译者

善信托所。我走进屋内，一位男子笑容满面地迎了出来，并询问我是否需要帮助。我说明了此行的任务，他告诉我说，如果我去拜访他的母亲他将会非常开心——此时他的母亲正在隔壁等待离世。他的真诚以及看到我的愉悦让人笃信无疑，他的样子就好像一直在期待我的到来一般。我走进了阴凉的房间，看到了一幕美丽又难忘的画面。窗户边洒下的阳光营造出一种明暗交替的氛围，房间中间低矮的床上躺着一位老妇人，像是睡着了，又像是在昏迷中。她又长又密的灰白色的头发梳向脑后，额头上画有礼拜的标记，她的家人则一直在她身边围坐。他们都笑着欢迎我的到来。我也加入到这群人中间，在这位即将离世的老妇人外围围成了一个圈。我不是一个不速之客，却突然意外地成为了其中的一员。现在，我开始感觉仿佛被期望着，注定要来见证这个伟大的事件一样。

老妇人的儿子将仪式的进展告诉了我。从占星学角度而言，我来的时候正是他母亲在这间死亡室中弥留之际最重要的时刻。这是举行一个重要仪式的吉时，这种仪式可

临终关怀旅社
内部

以唤起湿婆神，他会使逝者免于轮回的痛苦，以确保灵魂在穿过冥河时的安全。整个家族表情十分肃穆庄严，但并不悲伤，也不恐惧这一超自然的过程，即他们所参与的这种灵魂的传承仪式。普迦法会礼拜开始了。祷告者开始吟唱，濒死的女人身上被涂上来自恒河的圣水，一簇火苗从祭坛上被传递下来，圣食被分发给众人。一只穿着黄色漂亮衣服的小牛被牵进来，这是圣物，也是整个仪式最为重要的环节，虽然它自己对此一无所知。小牛低垂着头，转着圈，最后把臀部朝向这个女人。整个家族都在欢笑。事实上，这正是他们希望这头小牛选择的位置，为了将牛尾巴放进病人虚弱的手里。小牛将成为妇人在通往与上帝结合之路上的灵魂向导与护卫。

　　我与老妇人的儿子交谈着，他告诉我，能来到这里见证这样重要的时刻对我来说是何其的幸运，能够身处瓦拉纳西又是多么有福气，这能让我的身体与灵魂免受玷污。我一定是前世做了什么好事，才能够得到这一殊荣。我非常幸运，他的家人也很高兴我来到这里。他们都笑容满面，我也回以微笑。从某种意义上说，我已经成为了他们家族的一员，因为我意外地与他们分享了这一重要的家族盛事。我知道他们都相信这意味着什么，我们的今生，甚至包括前世，都指引着我们来到这一仪式，我们或许之前有过谋面。想象人生的一切都非偶然，而是事先被业力安排，被无法阻挡的因果循环所安排，这真是一件让人迷醉的事。或许他说得对，但是，我仍然从这种让人着迷的寺庙与玄学中脱离出来，询问

牛在印度是一种神圣的动物

了更多世俗的问题。我发现，他的母亲已经在这里逗留了9天，她患了脑出血，她的家人打破传统，不仅仅给她饮用恒河的圣水，还在她的鼻子中插上一只管子给她补充营养。我想，这样做可以延长生存时间。他解释说，如果她没有很快离世或者渐渐康复，他们就会把她带回家。而现在并不是时候。那么如果她过世了，他们又会怎么做呢？他说："那么我们就完成了自己的责任，并将继续完成我们的任务。我的母亲一直照顾我，而现在我要照顾她了。我们会告诉她我们有多爱她。"我意识到她是一个幸福的女人，可以以这样一种方式死去。西方很少有人能够享受这样的殊荣，也很少有人能够在这一紧要时刻从家人那里得到这样的支持。我询问了有关遗体处理的问题，我知道这是非常重要的，因为在死亡的时刻，逝去的人会分离成两部分——迅速分解、具有污染性的肉体会被以极为尊敬的方式处理，而灵魂如果没有得到正确的指引和道别则可能会变成扰人的幽灵。后者的过程现在已经开始了，但是前者呢？他解释说，他母亲的遗体将会被清洗，戴上她的珠宝，嘴里面放上罗勒植物。她的身体会裹上布，装饰有花环的棺材上面会覆上锦缎，被抬往火葬室。在她去世三个多小时后，她的遗体就会变成灰。我现在必须要见证这一最后时刻了。我又返回到生动又混乱的城市大街中，并向恒河行进。我要坐上木筏，到主火葬场去。

当我接近河岸的时候，许多遗体密集迅速地从我身边

恒河石阶边
火葬的烟雾从地面升起

❶ 作者未进一步加解释说明，但译者结合纪录片，认为这些"小的建筑装饰"应该是随葬（火葬）品，估计是纸灵屋。——译者

穿过，有一些还伴着音乐家的演奏，还有的仅仅用织物包裹着，另有一些上面用小的建筑装饰 ❶ 覆盖住。大家都走得十分迅速，每个遗体都由 8 个左右的哀悼者抬起，朝着恒河进发。在瓦拉纳西，死亡是一桩很大的生意——对很多人来说，这是一种生活方式。当我靠近恒河的时候，我看到越来越多的店铺在售卖与逝者相关的用品以及用来正确处理尸体的服饰。我停在一家店铺前与蹲在柜台的伙计交谈。他给我看了普通的白布、闪闪发亮的绣着金线的布料以及酥油包，也就是清黄油——这可以用来涂抹在遗体上，以加速火化的过程。此外，这里还出售檀香木，这种小块的木材可以放在火葬的柴堆里，用以增加燃烧时的香气。当我们聊天的时候，许多遗体被运送过去。据说，每天一个主火葬室要处理大约 80 具遗体。在这里，大火常年熊熊燃烧——包括其他小路上的火葬室——这意味着每年瓦拉纳西大约要接收 4 万具遗体的火葬。

马尼卡尼卡
石阶码头

　　我离开小店，上了船。我的计划是先在河上观看位于马尼卡尼卡石阶码头旁的主火葬区，之后下船近看。很快，火葬场映入眼帘了。里面有一个中央阶梯，以及各种各样的通向河岸的台阶，后面则是寺庙的塔群。在低一些的平台上，柴堆在熊熊地燃烧着以做好火葬的准备。而在高一些的平台上，烟雾缓缓地从一堆灰堆上面升起，预示着一个灵魂刚刚得以解放。在河边，是一片用过的柴堆，还有一些花环和灰堆，仍然在冒着浓烟。一具新的遗体被运送过来，放到了那具已经排在台阶上的遗体旁边，两具遗体都用耀眼的织物所覆盖。现在，其中一具新运来的遗体被抬上了柴堆——一堆整齐摆放的木头——木头中间留有适当的通风空隙，整个柴堆大概有1米之高。裹着布的尸体被放在上面，周围堆了一些圆木。一个块头很大、穿着白袍、剃着光头的人走上前。丧主给他发出指令。他把酥油洒向遗体后，点燃了一些干草，火苗窜了起来。这个大汉开始顺时针围绕柴堆行进，不时地将干草填入圆木的空隙中。很快，火光通明。主哀悼者退下，家人站在四周。现在，我走下船，攀登上高一些的台阶，想近距离观看这一切。眼前是一片怎样的景象啊！四具遗体以不同的方式燃烧着，他们就躺在我面前的火堆上。当然，这确实是天堂的景象——灵魂将通向一种更好的存在方式。

印度神毗湿奴

❶ 典出《圣经》新约《启示录》第 22 章第 13 节："我是阿拉法、我是俄梅戛、我是首先的、我是末后的、我是初、我是终。"（引自 O-Bible 网站，译文）维基百科译为"阿耳法"和"敖默加"，由希腊字母的首字 alpha(α 或 A) 与尾字 omega(ω 或 Ω) 组成，这是基督教的一个符号象征，意为"一切万物的起始与终末"。——译者

我离开了火葬场。我现在需要去看一看建筑了。南边就是马尼卡尼卡石阶码头和毗湿奴神莲花池。在这里生命的迹象代替了死亡和燃烧的迹象。水牛与朝拜者一起垂着头行进，水边有一座小寺庙，带着漂亮的尖顶。莲花池是一个带台阶的水池，所处位置正好在洪水线以上。水池非常小，一端是毗湿奴的脚印——刻在石板上，上面有湿婆和帕尔瓦蒂（雪山神女）的肖像。这对于印度人来说就是创始的起源，类似于犹太教中埋葬于耶路撒冷的所罗门圣殿哭泣墙后面的世界根源，他们相信，上帝就是在这里开始他的创造的。那么，我现在两个地方都到过了，都是了不起的地方，然而，这里还有一些特殊的涵义。这里不仅仅是开始与结束——不仅仅是受造物的阿拉法和俄梅戛❶。同时，据印度教所说，这里也是世界末日时唯一一个可以保存下来的地方。这是神圣的王国，这里更像天堂，而不是人间。

黄昏渐渐降临了，我返回到河边，想看看太阳在石阶码头后面西沉的景色。今天是惊心动魄的一天，在这一天里西方所有关于死亡和处理遗体的概念都经受了考验。在这里，死亡不是一件悲伤和神秘的事情，相反，死亡是愉悦的、公开的。瓦拉纳西告诉我们，死亡仅仅是生命的一

部分，而不是生命的终结。死亡是在一片让人激动的建筑环境中情感的爆发。在这里，我也面对了死亡，甚至可以说我与死亡并肩而行——现在，我对于死亡有着不同的看法。在瓦拉纳西，死亡有着一种近乎感性的视觉之美，有着一种强大而又积极的意义，死亡是一段无需恐惧而需拥抱的旅程。

太阳西沉时的
恒河石阶码头

灾难
Disaster

赫拉特省全景

世界中心的失落之美——

贾穆宣礼塔（阿富汗）

❶ 宣礼塔，又称光塔（阿拉伯语：قئذنة，灯塔的意思），是清真寺常有的建筑，用以召唤信众礼拜（早期用火把照明，后期由专人呼叫，现代采用扩音器），又称为叫拜楼。——译者

　　我们在 2007 年 8 月的一个下午到达了喀布尔机场。与我同行的有 BBC 制片人格拉汉姆·库珀和摄像师休·休斯，两位都是在两军对垒的军事战场上有着丰富采访经验的人。与我一起工作的还有大卫·霍利，他曾经是一名士兵，现在是 BBC 的安全顾问。我们来到阿富汗，目的是为了一睹世上那遥不可及但却美丽至臻的建筑之———阿富汗历史和建筑史上最重要的建筑，即 12 世纪几近神话的贾穆宣礼塔❶。很少有人得以一睹它的容貌，事实上，直到 20 世纪 50 年代世人才发现它的存在。作为世界上最完美的伊斯兰教建筑之一，它还从未上过荧幕。

宣礼塔高 60 米，是世界上第二高的尖塔，几个世纪以来，它一直备受遗忘。宣礼塔根基建于河边，岌岌可危，甚至在近年来，还遭受洗劫之祸。联合国教科文组织在2002 年宣布将宣礼塔及其周围环境列为世界文化遗产，为此，该组织着手对其进行紧急修复，并修建了护城河。然而，阿富汗日益恶化的安全局势使得联合国教科文组织在很长一段时期以来都不能入驻展开维修。尽管加固宣礼塔仍然是一项充满威胁的工作，我仍然决定看看这一人间奇迹，并向大众汇报它目前的情况。然而，旅途并非一帆风顺，因为大多数道路已经破败不堪，有些路段还可能极为危险。此外，沿途随时可能遇上强盗、土匪甚至是叛乱分子。我的第一步就是要从喀布尔飞往位于阿富汗与伊朗接壤的西部边界线的赫拉特省，再从那里驱车东行至该国的偏远中心，贾穆。有人告诉我，如果一切顺利的话，此行需要花上 14 个小时。

我们的阿富汗调停者哈尼夫·佘扎德在赫拉特已经做了很多的前期工作，并草拟了防袭计划。他咨询过很多民

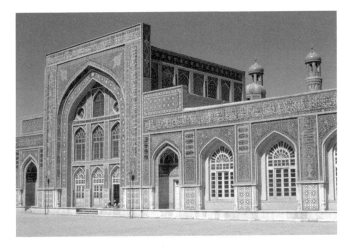

赫拉特省的
清真寺

众，尤其是阿富汗警察有关目前去往贾穆路途的安全局势问题，以及应随行的汽车数量。出发前，我们必须要向政府汇报我们的计划，并需征得政府的允许才可以在贾穆拍摄。这项允许须经中心政府办公室批复，因为我们去往贾穆沿途会经过该政府所在辖区，同时，也需要得到赫拉特警察局局长以及该区四个省份局长的许可，包括贾穆所在的古尔省 **❶**。提前向警察汇报不仅仅是礼仪秩序，更重要的是出于安全考虑。一旦局势变坏，他们的人至少会先来援助。此番汇报后我们似乎可以获得所需，于是打算第二天一早 5 点左右在至少 20 名武装警察的护送下出发。

　　我们的安全顾问大卫·霍利先行出发，去意大利武装那里进一步打探前往贾穆的路况。意大利武装受命于北大西洋公约组织并负责阿富汗人民安全。此时此地，你哪能奢望更多的"情报"。我们中其他的人驱车前往老城区中心以北的边界，那里叫姆萨拉，是自 1417 年以来就有的宗教和学校综合区。这个地方最负盛名的就是拥有全亚洲最美建筑之一。当年有一位名为高哈尔·莎的强大的王后，她是帖木儿大帝的儿媳，她的丈夫——赫拉特的统治者，即帖木儿最小的儿子沙哈鲁。正是这位女子一手组织兴建了这里的建筑。

　　最终，沙哈鲁接管了他父亲的帝国（该帝国西起底格里斯河河岸，东与中国接壤），而赫拉特也因此迎来鼎盛时期。沙哈鲁与他的王后定都于此并将其打造为与帖木儿

❶ 英文 Ghor，后面的古尔帝国英文为 Ghorid，皆译为"古尔"。

　　　　　　　　——译者

姆萨拉遗址

早期的首都——位于乌兹别克斯坦的撒马尔罕相抗衡甚至更超越的城市。正是这个时期，开始了姆萨拉的修建。与她的丈夫一样，高哈尔·莎这位蒙古公主成了文明的灯塔，姆萨拉也成为她智慧精神的光辉反映。这里有伊斯兰学校、清真寺、尖塔以及陵墓，都修建在这天堂般的花园里。事实上，整个创造，以及其精美的建筑结构都闪耀着耀眼的光芒。这里五彩缤纷的砖瓦也成为了伊斯兰教乐园 ❶。在 15 世纪末期，高哈尔·莎的建筑被再一次扩充修建，修建者正是苏尔坦·侯赛因·巴克拉，帖木儿的玄孙，也是很快垮掉的帖木儿帝国的最后一位统治者。侯赛因扩建了一所很大的伊斯兰学校，学校每一处角落里都修建了细长的尖塔，塔顶铺着瓷砖和高光泽的模砖。姆萨拉在帖木儿帝国灭亡之后也沦为废墟。20 世纪 30 年代，英国游客罗伯特·拜伦将姆萨拉描绘成"在上帝的光辉下人类所创造的色彩最为美丽的建筑"。但在当时，灾难已经笼罩着这个地方了。1885 年，受英国支持的阿富汗统治者阿米尔·阿卜杜勒·拉赫曼害怕沙皇俄国进攻赫拉特，所以他请求英国士兵摧毁姆萨拉，以否定其作为抵御俄国进攻的堡垒的作用，同时，他请求英国协助围绕赫拉特修建一个防御空地，以供抵御大炮。当时，城里的居民都向拉赫曼请愿，放过这座建筑瑰宝，但是他向民众声明说，他所关心的不是死者，而是保护生者。这就是悲剧的开始。1846 年，一位法国的游客描述姆萨拉为亚洲最优雅的建筑。对很多人来说，在姆萨拉的辉煌时期，因其有着完好无损的尖塔丛以及完整的穹顶结构而显得比泰姬陵更具魅力。然而，残忍的摧毁行为结束后，只剩下王后的陵墓以及 9 个自立式尖塔孤零零地立在那里。毫无疑问，俄国军队从未出现过。

　　第一次见到姆萨拉，我就在车水马龙和高楼林立的现

❶ 原文 paradise，伊斯兰教的"天堂"，中文里面称为"天园"或"乐园"。在马坚译本的《古兰经》中译为"乐园"。——译者

代建筑中看到了 5 个高而破旧的尖塔。从远处望去，它们像一簇破败的工厂烟囱，注视着这个世界。在后来的 80 年中，在 1885 年的破坏活动中保留下来的 4 个尖塔又经受了地震的摧残，并在 20 世纪 80 年代与苏维埃政府的斗争中受到忽视。我注意到所有遗留下来的尖塔都失去了塔顶，目前，侯赛因的伊斯兰学校也仅存现有的 4 个尖塔了。第 5 个尖塔则尤为壮观。

姆萨拉
遗留下的尖塔

比起其他尖塔，它以更危险的角度倾斜地矗立着。事实上，是联合国教科文组织的工程师几年前留下的粗大的电缆支撑着它的重量。这个尖塔的情况非常严峻，在技术上被定义为危房。从理论上讲，它根本不可能直立起来，可事实却并非如此。或许，这顽强的旧建筑还不知道如何倒下来吧！

我在天堂花园的断壁残垣中行进，去往陵墓。尽管破败不堪，但仍能想象出它们当年的美。我走进去，整个人都被震撼了。所有的一切现在看起来都凋零破败，但是墙

姆萨拉王后陵墓

面、拱顶和里面的圆顶依旧因其惊人且巧妙的几何图案而轮廓鲜明。其窗体与架条上都被涂了明亮的颜色并镀了金。沉默的颜色与破败的完美结合一处，使得它更加的深刻、吸引人，从某种角度上看，更加的美丽。姆萨拉，尽管饱受忽视、默默无闻，却是超越阿富汗历史和魅力的命运的象征。我担心同样的命运在等待着贾穆宣礼塔。想到此，我感到绝望、伤心。我迫不及待地上路了。当我在思考的时候，哈尼夫接到了一通电话，这通电话简直是一个炸弹。警察局局长坚持让我们马上动身去贾穆。一切都安排好了，他也与我们同行，以视察沿路修建的大坝，这个大坝就修建在奇什第谢里夫区的东边。如果说听到这个消息我们不震惊的话，至少也吃惊不小。最初，警察局通知我们第二天一早才出发。我们不可能就这么离开，我们要装好工具，重新安排。之前，我们很有先见地将相机电池充满电，所以现在动身也不是不可能。在这种情况下，我们同意了警察局的要求，一小时以后，我们就上路了。装载有 60 名武装警察的 15 部汽车飞速从赫拉特驶往东部。有一条准则，就是不能在夜里行驶在危险的马路上，但是由于出发时已经天色渐晚，所以车子开出没有多久，夜幕就降临了。警方告诉我们，整个计划就是用一夜时间到奇什第谢里夫区，那里提供有安全的膳宿。他们告诉我们的也仅有这些信息。我们隐隐感觉，警方并不太信任我们能保障自身的安全。

　　很快，碎石路面就变成了凹凸不平、布满砂砾的路面。我们的汽车扬起大团尘土。行驶在我们前方和后方的警察，开着结实的绿皮敞篷福特四轮小卡车，四五个人挤在外面的座位上，另有四五个人坐在里面。所有的人都装备有 AK-47 步枪，背着配有弹药袋的通用机枪。还有人携带着自动手枪、手榴弹甚至是火箭炮。我戴着凯夫拉头盔，身着盔甲以免遭受流弹，注视着整个国家巨大的变化：狭长的沙漠被起伏的道路所取代，哈里河的岸边偶尔会出现一块块的苍翠的绿洲。到处都是居民，河岸和路边都能看见小的村落。这些村落都是由泥土与砖块建造，很多房顶安装了风穴，看起来像烟囱一样。这些风穴可以吸收冷风，并且把新鲜的空气带入室内。人们站在路边，看着我们呼啸而过。很多人向我们招手，还常常报以古怪的微笑。地形不断地变化，出现了更多的山和高坡，坡上有成群的山羊、绵羊和骆驼，在布满石子、表层破败的土地上，从枯萎的矮树丛中寻找食物。这是游牧者——就像贝都因人

阿富汗公路边
的景色

一样的——库什人的土地，偶尔会间隔以小村庄，这些小村庄全由黑帐篷或圆顶帐篷以及黑色纤维与灯芯草搭建而成。这是一个被历史遗忘的地方，几个世纪以来毫无变化。渐渐的穹顶的房子变成了一排排平顶房屋、层峦叠嶂的山峰，呈现出一幅变化万千的景象。

哈尼夫又开始焦虑起来，这倒是值得称道，因为毕竟他担忧的是我们的安全。但是人总不能随时处于高度警惕状态，因为这样的话，危险一旦来临，就会让你无法及时作出反应。他指出道路的危险——这一点有目共睹，因为我们处在一个"土匪之城"，这里街坊四邻的村落也都饱受威胁，男人们都全副武装，高速公路抢劫屡见不鲜。不仅如此，他还不时地指出绝佳的伏击地，以及放置路边炸弹的最好位置。这些都很有用。我也不禁神经紧绷，瞪大眼睛。

在奇什第谢里夫区停留一晚后，我们在第二天的第一缕晨曦中出发，快速赶路。沿途是变化万千、无以言表的地形以及各种各样的美。持续行驶大约5小时之后，我们经过了许多村庄，最终到达了贾穆村。我相信，从此处过去宣礼塔大约还有2公里。从村子入口开始，路况更加糟糕了。确切地说，根本就不能称之为马路，这里布满了石头，许多路线横跨浅滩甚至依河床而建。看得出，警察也变得焦躁起来。他们的汽车开始不断地撞击石头，因为车上装载过多，车轴在石头表面和河床上摩擦，发出响

蓝色天空映衬下的
贾穆宣礼塔

声。因为此前没有警察来过此地，也没有人知道将会发生
什么，他们为眼前的景象所震惊，并因为糟糕的路况而晕
头转向。后来，透过石头的裂缝，我瞥到了美妙的景象，
正是宣礼塔，看起来奇妙无比。它在一条窄窄的山谷里高
高地耸立着，侧挨着陡峭的山峦。这是一处夹杂着人工设
计的完美景象，在梦幻般的对比之下，显露出浩瀚无比的
自然景色。眼前的画面是那么的神奇，一切看起来充满了
魔力、神秘感和魅力。它能出现于此简直就是奇迹，已被
遗忘了几个世纪，宣礼塔仍旧如奇迹般屹立于此。

我越是走近它，它的辉煌就越发的明显。精致又神奇的表面设计和装饰逐渐浮现于我眼前，就像这河边动人的自然景观一样，它屹立于此，审视着狭长山谷中如画的风景。我驻足观赏，这不仅仅是充满魔力、神秘与美丽的建筑，而是有着重要的历史和建筑意义的景观。它是世界上最高的宣礼塔之一，高度仅次于德里 ❶ 的古德卜宣礼塔 ❷，这座塔晚几年由同一个帝国建造。但是与德里宣礼塔不同，实际上几乎与所有的 11、12 世纪早期所修建的宣礼塔不同，贾穆宣礼塔仍然保持着原有的风貌。尽管作为最高的宣礼塔，它从未经受过重建，仍然保持着原有的纤细和精致。事实上，它是唯一一座现存保有原始风貌的早期宣礼塔。但是它的价值远不止于此。贾穆宣礼塔对于一个失落已久并被人遗忘的帝国来说，是戏剧性的记忆，它是当年那个强大的古尔帝国最后一个巨大丰碑。12 世纪中期，古尔崛起并繁盛，然而，仅仅 75 年后，一切又都结束了。在

❶ 印度仅次于孟买的第二大城市。——译者

❷ 古德卜宣礼塔高 73 米，比贾穆宣礼塔高 13 米。——译者

贾穆宣礼塔

贾穆宣礼塔
墙面砖石细节

其荣耀之巅，他们的帝国吞并了阿富汗和巴基斯坦，并一直延伸到南面印度的德里。然而，在 13 世纪早期，由于内部争端，这个帝国开始逐渐衰败，直到 13 世纪 20 年代，因遭受成吉思汗率领的蒙古人的进攻而彻底灭亡。这座宣礼塔不仅展示了古尔人精致的建筑品味以及高超的工艺技巧，同时，在有些人看来，这座宣礼塔更是象征着盛极一时却最终衰败的夏都菲罗兹库赫。

　　然而，除了这些，宣礼塔还有着另外一个意义。它承载了一种信息，正是这种信息驱使我前来一睹芳容。我来到塔底，抚摸着墙面，整个墙面设计精良，排列整齐、坚固且光滑如瓷一般的砖石泛着淡黄色的光。这些砖石既漂亮又结实，这对于 800 年前的工艺来说，简直无法想象。而它所传递的信息就隐匿于宣礼塔的这些瓦片当中。宣礼塔的最低也就是最宽的部分，刚好是总高度的一半，这一部分被装饰以华丽的几何图形，并镶有八角形以及其他的伊斯兰教标志，这些图形被编进了库法字体文字中，应该说是《古兰经》整个第 19 章。这是一部极为特殊的章节，讲述了麦尔彦和尔撒麦西哈的故事，他们在伊斯兰教中备受尊敬，还有那些先知，如亚伯拉罕、以撒、约瑟和以实玛利，在三大宗教的经典中都受到了推崇。对我来说，宣礼塔上的经文是对于忍受、和谐以及理解的恳求，反映了古尔的统治者的目的，并在不同时期起着重大的作用。

宣礼塔还包含着另外的涵义：宣礼塔最下方的基石板上，刻着修建的日期，即伊斯兰历590年，也就是1193年末至1194年之间。石板上也提及了一位建筑师的名字——阿里·易宾埃博拉西姆·尼萨布里，这个名字暗示着他的波斯血统。在宣礼塔的中间，以庞大的蓝釉刻文，标示着统治者吉亚斯·阿德丁的名字，这座塔就是在他统治期间被修建起来的。

我想进入这奇迹般的建筑中，却没能找到入口。几个世纪以来，河水涌入，泥沙将塔底牢牢包裹起来，所以宣礼塔八边形底座下端的几米全部掩埋在下面，很可能将入口也一起封死在其中了。但是在高处现存的地平面上几米

宣礼塔细部

处，有一扇小窗户。我取来一架梯子，强挤了进去。我仿佛置身于墓穴之中，暗黑无比，恐怖异常。随着眼睛逐渐适应黑暗，我发现这是一座充满几何图案和高超构筑技巧的建筑。我眼前是一个砖砌的结实的柱子，同样砖砌的楼梯从外墙顺着柱子一路下来。当然，这是令人惊异的蜂巢形建筑，厚厚的

外墙通过构造精良的螺旋形台阶被固定在粗壮的中心柱上。我先往下走，来到黑暗之中，发现台阶已经开始摇动。看见地面以后，我就跳了下来。站在冲刷到宣礼塔内部的淤泥上，在我的下方，台阶应该仍然在往下延伸，没人知道会延伸至多远。这下面究竟有多少宝藏和秘密也不得而知。没有人敢挖掘这里，因为害怕撼动宣礼塔的基座。由于几个世纪以来的洪水冲击，宣礼塔已经开始倾斜，河岸也开始被腐蚀，宣礼塔的基座也渐渐开始受到破坏。后来，我慢慢地走了上去，直到看到光线透过箭头形的窗户倾泻下来。透过每一扇窗户，我都可以看见周围修建的古代瞭望塔。当然，宣礼塔可以作为防御、指挥或者是通信塔。因为与这些高高的瞭望塔相隔不远，所以塔上传递的信息很容易可以传送到位于谷间群落中间的宣礼塔。我继续向前走，突然发现一块充满光束的空地。主要的中心台阶消失不见，我来到了一个砖砌的穹顶的房间，有通向外面的门，连着现在已经残败的平台。这个平台由木头和枕梁支撑，一直通向宣礼塔的塔尖，上面装有灯笼，以作瞭望之用。我向下望去，看到刚刚走上来的宽大的螺旋形台阶，又看到了第二个楼梯。事实上，宣礼塔的地段包含着两个楼梯，两个楼梯盘旋错节，形成了一个双螺旋，这就像 DNA 的螺旋结构一样不可思议，这楼梯本身不就是生命的象征吗？我坐在低矮的拱顶下面，不禁感叹。这一定是专门用来冥想、用来与真主交流的房间——这就是乐园与人间的中点。

宣礼塔奇妙的设计在伊斯兰逐渐盛行。尽管宣礼人和呼召每日祈祷的传统要追溯到穆罕默德时期，但在《古兰经》中和早期的清真寺庙——即麦地那穆罕默德传统式庭院——中并没有被提及和体现。这座宣礼塔，于穆罕默德去世以后的 100 年左右首次出现，还只是一座受到基督教钟塔启发而建的传统的低矮型宣礼塔。然而，就在 11 世纪，发生了奇怪的事情：伊斯兰教的宣礼塔变成了一座神圣的建筑。这些宣礼塔逐渐变得高而细，有着复杂的几何结构，像直径逐渐缩小的圆筒，耸立于八边形或多边形的基座之上，外部刻满了宗教典籍和符号。这些宣礼塔功能可谓强大，有着高大的平台，以便宣礼人呼召忠信者前来祷告。当然，这也是一种象征。这些塔楼原本是作为乐园的手指而建造，用以连接真主与人类，并用来标记穆斯林圣地的位置。同时，更神秘的说法，是用来充当一切起源的焦点，作为世界的中心轴而修建的。

贾穆的这个结构，这些保存下来的最完善的早期伊斯兰教创新之塔，不仅仅是一个宣礼塔那么简单。这同时也是一座瞭望塔、防御塔，也很可能是胜利之塔。古尔人很喜欢像宣礼塔这种寓意胜利的建筑形式，他们用这种建筑来庆祝军事上的胜利。如果清真寺没有建在塔边上——至

俯瞰贾穆高地上的城堡

少到目前为止还没有一座清真寺被建立于此，有可能这就是宣扬伊斯兰教的力量和古尔帝国的胜利之塔了。如果的确如此，那么这一定是阿富汗中心的标志，在古代则是已知世界的中心标志，即世界的神圣中心标志。让人惊异的是，在我们的眼里这里偏僻无比，而对于 800 年前修建这座塔楼的人来说，则是世界的创始中心，一切都以它为核心转动。那么，照这种情况看来，贾穆也一定曾经是古尔的夏都遗址，在他的帝国中具有非常重要的位置。

高地上的
城堡内部

我离开此塔，去观察很可能就是伟大而神秘的菲罗兹库赫，即古尔失落之城遗址的地方。

哈里河与贾穆河交汇的小河谷不大可能是都城遗址，环绕河岸的陆地面积有限，并且地势陡峭。但是我想，这一切都依赖于 800 多年前人们对于首都的定义。古尔民族是一个半游牧民族，菲罗兹库赫也是一个季候性城市。他们很可能居住在帐篷里，仅仅在水位较低和草地最盛的时候来到这里生活。同时，古尔人也很可能通过为帐篷修建平地轻而易举地占据陡坡。对于一个城市来说，唯一需要的硬性建筑便是瞭望塔、围墙和坚固的城堡。这些遗迹如今也都存在着。此外，还有一个让人信服的证据，那就是这里曾经是一个庞大部落的家园。在 20 世纪 60 年代，考古学家在这里的遗址上发现了不同寻常的遗迹：希伯来人的公墓，离宣礼塔约 1 公里远，墓碑可以追溯到 12 世纪早期至 13 世纪早期，也就是菲罗兹库赫的鼎盛时期。在那时很显然存在着犹太民族，这不仅为那本经典之书所涉及的宗教 ❶ 之间和睦共处提供了有力的证据，同时也表明宣礼塔附近一定有过一个庞大的群体，而犹太人便在此经商。为此，有待于进行更多的考古研究，来证明贾穆究竟仅仅是古尔民族的一个营地，还是最终在 1222 年被蒙古人侵袭的夏都。但是，此时天色已晚，进一步的探查研究要等到第二天早上才能够进行了。

❶ 原文 the religions of The Book，应指代同源经典发展起来的三大宗教:犹太教、基督教、伊斯兰教。犹太教的经典为《塔纳赫》；基督宗教的经典为《圣经》,包含旧约与新约；伊斯兰教的经典为《古兰经》。——译者

天刚亮，我们就渡过哈里河，去寻找瞭望塔和高地上的城堡，以及它们下方陡坡上更加险峻的事物。这里就如同环绕宣礼塔的地面一样，布满了"强盗洞"，这是一些盗墓贼为了挖掘值钱的珍宝而非法开凿出来的洞穴。由于贫穷，加上清楚地知道这些古董可以卖上高价，当地的民众开始抢夺自己的历史。这儿的居民告诉我，这些强盗洞是在塔利班时期挖掘的，也就是时隔十年之久的事情了。但是很多洞穴看起来还很新。在这里抢劫显然是一个经久不衰的勾当。我爬进几个洞穴，发现这里有用石块搭建的大的拱形建筑，类似在宣礼塔里见到的一样。这里已经被几个世纪的土体坍塌给掩盖了，但建筑的痕迹仍然存在，至少，这里可以看见搭建帐篷的平台，这些平台就位于山峦之上。的确，这里或许就是曾经的菲罗兹库赫遗址。在

清真寺的
瓷砖花纹细部

这里，我也发现了许多人工制品，有 12 世纪装饰精美的上过釉的陶器、陶土装饰品的碎片等。如果这些多是那些强盗弃之不要的物品，想到他们可能会带走的东西，我不寒而栗。强盗偷走的每一样东西都意味着被偷走的还有它所包含的意义，因为他们不敢说出赃物的起源，每一处遗址的被盗都使其失去了它本身的涵义，使得这个神秘莫测的地方失去的历史更加难以重建。那么，这要由谁来负责呢？我们西方人为这些偷盗提供了市场，我们出高价购回这些古董，并赋予其价值。这是多么可怕的讽刺。我不远万里来记录这里，然而却带回残存破败的阴影。我朝宣礼塔下方望下去，看见它所处的可怕的状态。这番盗窃的景象、被遗弃的宣礼塔以及它脆弱的本质，是世界上所有饱受贫穷、忽视、武装冲突以及违法行为威胁的历史遗迹的

缩影。最典型的例子就是，伊拉克这个文明的摇篮，有着
1万多个在国际上举足轻重的考古遗址，却面临着随时遭
到破坏和抢劫的危机。

　　在我观察这一切的时候，低矮的晨光将宣礼塔变成了
一个巨大的日晷，穿过河岸和山川投下狭长的阴影。眼前
的景象奇异而难忘。缓缓移动的巨影将这片神圣的土地分
隔开来。宣礼塔的砖墙泛着温暖的光，上面的文字所传递
的信息在朝阳下清晰可辨："世上没有神，只有真主阿拉"，
表明其为古阿拉伯文中的上乘之作，更宣示着伊斯兰信徒
对唯一真主的笃信不疑。这座宣礼塔毫无疑问是伊斯兰最
美丽、最神秘的建筑，它雄壮而让人印象深刻，是世界建
筑奇迹之一，也处在可怕的境地之中。如果宣礼塔倒掉，
这将是无法想象的损失。现在看起来，宣礼塔还坚固无比，
但是，如果再遭受十年的无视和河流的侵蚀，那将意味着
它的终结。我所能做的，就是将它展现给世人，让它不再
从人类的记忆中消失，或许，还能帮它从湮没中解救出来。
在我观望的时候，我看到警察正在装备他们的车辆。他们
说在此逗留非常危险，必须上路启程。现在，我所要做的
就是熬过这段漫长又疲惫的回家之路，它的起点原本是人
间乐园，现在已被人类的侵略和恐惧变为地狱。在离开的
时候，我环顾四周——我看到了什么？毫无疑问，世界的
"中心"。

远望宣礼塔

沙漠中的
巴尔米拉城全景

震撼古世界的灾难残骸——

巴尔米拉*（叙利亚）

* 如同著作者所担忧的，巴尔米拉这座自公元217年就存在的、被认为是罗马帝国最美丽的城市之一的古城一直持续陷落在战争与灾难中。城市中最重要的遗址之一——贝尔神庙遗址已有2000年的历史，被联合国教科文组织列为世界文化遗产，在2015年8月惨遭极端组织"伊斯兰国"（IS）摧毁。联合国训练研究所卫星应用服务项目负责人布约洛表示"很不幸，神庙主建筑和附近的石柱群全都被毁了"。——译者

　　从叙利亚的大马士革向西前行，几小时的车程便来到了巴尔米拉。然而这段短短的旅程，却像从一个世界到了另一个世界——从生之繁华到死之荒凉，从繁华都市到奇异荒城。巴尔米拉，这个曾经充满壮观建筑之美和殖民野心，被称作"沙漠新娘"的世界贸易城市却因为一场灾难的袭击而荒废至被世人完全遗忘。然而，巴尔米拉从未真正消逝过，即便被荒废后，它逐渐消失于沙漠，可那遗落的财富和城市之美，那野心勃勃的统治者夺取一切最终却失去所有的命运之谜，却永久地留给了世人无限想象。

　　巴尔米拉有着古老的起源，它位于巴比伦和美索不达

米亚以东，大马士革和地中海以西的商业路线的核心位置。早在公元 217 年，罗马帝王卡拉卡拉就已占领巴尔米拉为罗马殖民地。而其中最具特权的举动就是使巴尔米拉的商人免除特定的税收。罗马统治期间，众多华丽的建筑以极其复杂精致的经典样式建造起来，这使得巴尔米拉成为了帝国中最美丽的城市之一。与之一起崛起的，不仅是巴尔米拉的地位，还有财富，以及骄傲。

扎努比亚画像

就在巴尔米拉因建筑之精美而逐渐繁华的过程中，它周边的城市却因为政权交替而陷入混乱。公元 235 年，随着帝王亚历山大·塞维鲁的逝世，政治阴谋、内部纷争、通货膨胀，使罗马帝国陷入了长达 60 年的政权瓦解的困境中。巴尔米拉不得不开始独立之路，从波斯萨珊王朝的统治中夺回古老贸易之路。备受尊敬的巴尔米拉家族成员中，塞普提米乌斯·奥登纳特成功应对了这一挑战，支持罗马，击败萨珊，成为这座城市的无

冕之王。公元 260 年，他击败了萨珊国王，并因自己的不懈努力受到罗马帝国的礼遇。奥登纳特一直持续与萨珊王朝的斗争，直到公元 267 年与自己的大儿子在无比神秘的情境中被谋杀。奥登纳特的二儿子沃拜勒特继位后，却由奥登纳特的妻子扎努比亚摄政，很快便在这块土地上建立了新政权。扎努比亚凭借非凡的性格和强烈的野心，使得巴尔米拉迅速崛起，震惊了许多人。显而易见，正是她促使了奥登纳特被杀害。而其中因扎努比亚获取政权而大为吃惊的一个人，正是当时罗马帝国的帝王——加里恩努斯。他派遣了一支罗马军队试图对抗扎努比亚，但一直持续抵抗萨珊王国而获取丰富经验的巴尔米拉军队最终还是在战场上取得了胜利。

这一时期给巴尔米拉的统治带来了巨大的困难。扎努比亚一方面想从罗马帝国的统治中解放巴尔米拉，另一方面要建立其在中东的帝国，这均需对罗马进行挑战。扎努比亚的策略便是从瓦解中的罗马帝国分得一些领地。首先，她占领了罗马帝国中的叙利亚；接着，公元269年，她做出了让世人吃惊的一举：侵略埃及并使其挣脱了罗马的统治。长久以来，埃及就是罗马的"面包篮"，丢失了如此重要的核心要地对罗马来说是不可饶恕的。然而，在罗马有所表示之前，扎努比亚就已经对小亚细亚半岛开始下一步进军了。

我在黄昏前到达了巴尔米拉。而今在这块土地上尚存生息的只有当初那座城市的一些残骸了——一些公共建筑

巴尔米拉
壮观的柱廊

以及当时最富裕、最豪华的石筑结构。从市中心横贯东西的便是柱廊大道——巨大的廊柱竖立在队伍行进大道的两旁，上面刻画着杰出市民的雕像。柱子的后面便是商铺和公共建筑。这些廊柱为这座城市里的生活营造了一种强有力的建筑背景，它们大多单独耸立着，并没有连接的结构。而正是这些长长蜿蜒过荒凉沙漠的柱子，给这座古老的城市带来了最有视觉冲击力的生动城市景观。

　　我决定沿着大街去探索巴尔米拉，因为所有尚存的主要建筑物都在街上，要不就在街的附近。我从路的最西边，宏伟的贝尔神庙开始走。这个神庙，如同所有留存下来尚未毁坏的建筑一样，都是在扎努比亚执政时期建造的。从外观上来看，巴尔米拉的建筑都深受当时的世界文化中心——罗马的影响。它们都十分古典，几乎所有柱子上都有着经典的科林斯式装饰风格，这种风格是从希腊起源的，接着在罗马流传。这儿还有许多有趣的发明。很显然，巴尔米拉就像个熔炉——它位于古代东方与西方的交界处——一边是古希腊和古罗马，一边是波斯和美索不达

贝尔神庙中
雕刻装饰的细部

巴尔米拉遗址上的
贝尔神庙

贝尔神庙中
刻有描绘战争场景的石头

米亚。从公元1世纪开始，贝尔神庙就以其宏大的规模象征着当时巴尔米拉的权利和财富，这是古罗马所不曾有过的。方形的巨大围墙标示了神圣的庭院界限——这便是神庙的神圣围地。神庙的墙虽建造得美丽且精细，但大多已坍塌或在那之后被重建。北面的墙尤其让人叹为观止，被保留下来的巨大壁柱，支撑着三角形的壁龛顶部。

　　贝尔神庙被完整保存下来的部分已经成为这个神圣庙宇的核心。它的基本构成很简单：一个矩形的大厅，从低处高高耸立起的科林斯式立柱。这像极了公元前4世纪希腊的神庙。但与它们不同的是，这些三角墙的两侧有台阶式的尖顶，这是受了美索不达米亚的亚述国建筑的启发。进入内殿要从侧面巨大的门走，门上有极其精美的装饰，还有科林斯式廊柱——真是不同寻常的奇怪的设计。我进入到这个神庙巨大却没有屋顶的大厅的 1/3 处。在它的两边尽头幽深处便是圣坛——古希腊的神圣之处——给人以启迪的圣殿。这里就是举行最神圣仪式和传递神谕的地方，没有任何窗户的神秘地点。我走向右手边的那个圣坛并往里面看了看。我头顶便是壮丽的方格天花板——巴尔米拉最负盛名、气势宏伟极具创造力的古典建筑。这是块独石柱——一整块巨大的单块石头——在它的中心是神王，周围被拟人化的星球和 12 星座所环绕。在 12 星座的上方是神王的象征——四只展开双翼的雄鹰。所以其实巴尔米

拉的贝尔，意为"王"或"主"，就和神王一样，表示古罗马的神之王，相当于希腊神话中的宙斯。这个天花板显示出贝尔/神王即为天空之神、天堂之神，负责掌管天上的动向以及人类的命运。

当我走出神圣围地，回到城市，便开始想象大约1730 年前这个地方的氛围。在公元 270 年，扎努比亚兼并了古罗马埃及，开始她的新帝国之后，她一定认为最坏的时候已经过去了，但罗马帝国的形势却一直在变，且变得迅急。在经验十足的将军奥瑞莲取代加里恩努斯的罗马

倒落的柱和拱
遍布扎努比亚女王的古城遗址

帝王之位后，他并不打算忍受失去埃及或叙利亚的耻辱。很快奥瑞莲将军发动了对叙利亚的战争，并重新夺回了埃及。他使巴尔米拉遭受了两场惨痛的失败。公元 272 年的夏天，罗马军队开始进攻巴尔米拉。不久之后，272 年的 8 月，巴尔米拉投降。扎努比亚最后的失败便成了一个谜一般的话题。她被押送到罗马，戴着金子做的镣铐，使她成为胜利回归队伍中的焦点。有些记载说她并没有活下来，由于无法忍受作为罗马阶下囚的耻辱，她在回罗马的行军途中服毒而死。另一个故事却说她被带回了罗马，并且在一个罗马郊区的别墅里终身做着阶下囚。

　　我离开了神殿继续向西走，沿着柱廊大道，我来到了仅剩的两处建筑遗产之一——凯旋门。它包含了一个宽且高的中央拱门，拱门的全宽正好是这条街的宽度，两旁两个小些的拱门正好跨越了两旁的人行道。这个被精雕细琢建造的拱门，历史可以追溯到公元 2 世纪。它最为有趣和令人钦佩的原创特点就在于它的形状。它的平面图呈楔形，十分工整地契合了柱廊大道的轴线的变化。它被精美地建造好，一切看上去是那么的简单。这个宏伟的城市设计的标杆再一次证明了巴尔米拉并不仅仅只是个地区贸易

四柱门遗址

城市。它的建筑及其野心均在质量和规模上达到了大都市的标准。也就毫不奇怪为什么它会哺育出扎努比亚那样的性格来。能成为巴尔米拉的公民一定是十分优秀的。

我沿着柱廊大道走向下一段宏伟；绵延不绝的立柱景象，它们那似无止境的旋律般的壮观，给人留下强有力的记忆感。我的右手边即是尼波神殿的废墟———一位古巴比伦的神明，证明了巴尔米拉那与东方世界深深的情感与精神联系。我的左手边是一个公共浴池的废墟———一处来自西方古罗马文明的典型例子。接着是一个剧院———来自古希腊的灵感———在剧院的前面和后面是开阔的古希腊式集市。这便是巴尔米拉的商业中心，它和巴尔米拉的精神中心贝尔神庙一起，构成了这座城市的灵魂。政客、商人聚集在一起，在这柱形的门廊里，交流观点，做生意，谈判。

巴尔米拉交易的实质是由记录在一块石头上的文件揭

示的，回溯到公元 137 年，这块石头一定是在集市的附近——现被收藏于圣彼得堡宫殿广场上的艾尔米塔什博物馆里。这块大石头，或者说石碑，记载了巴尔米拉的经济和税收制度。显而易见，这是专为城市商人而拟定的参考文献。上面明确记录了买卖奴隶需要缴纳多少税金，以及买卖两样巴尔米拉特产——紫色羊毛和香水需要缴纳的税金。需要缴税的还有橄榄油、腌鱼、驮货的兽类以及牛群。关于商业的一切细则被仔细地记载，这甚至包括了肉欲——石碑上有一条关于妓女的条例：顾客只要光顾一次，也需要缴纳和按月消费的顾客同样的税金。

在古希腊集市的正北面就是柱廊大道第二大特色的建筑物——四柱门。这个遗址十分有意思，其大部分区域现在已经被重建了——它的平面图是一个正方形，并且它的四个角均是由四根柱子构成。建造这个四塔门的目的其实

丧葬庙和贝尔神庙之间的柱廊大道

很简单，即使听上去有些复杂——以宏伟的方式去大致标示一下柱廊大道的中心，以一种巧妙的方法稍稍调试一下柱廊大道的轴线。这是一个关键点——它使得这条街道恰巧迂回而过这座城市的中心。而这条街道也就因为如此精巧的设计，以蜿蜒

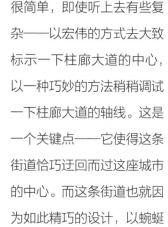

的形式纪念了巴尔米拉最神圣的女性神灵之———阿勒特
女神。在这样的女神照耀下，扎努比亚对权利的欲望也就
见怪不怪了。

　　这一天即将结束，我继续沿着柱廊大道西行，来到了
一个壮观的柱廊大门。这就是丧葬庙，但其实里面都是
一些尸骨，是这个城市里一户声名显赫的大户人家的巨墓。
它的结构十分绝伦，一根立柱，一个大门，直接通向西边
尸骨所在的那块地。在丧葬庙的北边是另一个立柱结构，
巴利圣庙。巴利是天堂之神，亦是佩特拉最伟大的阿拉伯
神之一。而与之正对的就是位于庙南边的女神阿勒特神庙。

　　穿过巴尔米拉的城墙，进入到这座城市的墓地———塔
墓群。我的两旁是石砌塔楼的废墟，每个都隶属于一个巴
尔米拉家族。满满的全是墓，一排接着一排，与他们死去
的祖先一起。我一直在思考这个墓群和这座城市的奇特历

巴利圣庙

塔墓群

史。十分矛盾的是这个城市的毁坏却恰巧将彼时的城冻结于时光中，使之成为谜之领域。自从它的废墟在 17 世纪晚期被西方世界挖掘出后，这座城市对西方文化产生了深刻影响。《巴尔米拉废墟》是罗伯特·伍德和詹姆斯·道金思著述的关于这座城市的第一部著作。它自 1753 年出版后，轰动一时并给现代欧洲经典建筑带来了深刻影响。这本书对巴尔米拉的强有力的刻画使得现代经典主义再次复兴，并为考古学注入了一种新的确定性。它后来成为新古典主义运动的关键资料并于 18 世纪晚期横扫欧洲及美国。当我在这座城市中环顾时，总能发现一些与乔治王时代的建筑风格相似的细节。

依拉贝尔塔墓内部

在我前方不远处就是被保存最好的一座塔墓。它的历史可以追溯到公元 100 年左右。这是一个声势显赫的巴尔米拉家族——玛尼族的墓，并以其家族成员之一——依拉贝尔命名。这座塔墓建在沙漠之上。它的形状就像两个建在台阶上的立方体。它的内部建筑十分繁复，一列列巨大的科林斯式壁柱一直延伸到入口，这样装尸骨的棺木就可以整齐堆放了。我数了一下这些深深的洞口，应该能装下 8 副，上面还有两层，所以玛尼宗族的 70 余人应该都在这个塔墓下堆放着。天顶上、墙壁上、幽深的洞口上刻画着埋葬于此的人们的肖像。

太阳下山了。站在这个被保存完好的墓穴里，与葬在这里的巴尔米拉公民一起，我仿佛觉得这座城市复活了，好像再往前几步迈过门槛我就能在远处看到这座城市冉冉升起的光辉。这是一座让人陶醉的、有力量的古城。我想这个塔墓的灵魂如果真的居住在这里，就像巴尔米拉所崇信的那样，那么他们的骄傲与欢欣也会依然伫立于此。这座塔墓渐渐消失成影，在这神秘的半亮灯光下，我开始觉得这些被刻画过的建筑轮廓渐渐模糊起来。我该走了。

如今的
德累斯顿夜景

涅槃的战败之城——

德累斯顿（德国）

　　德国萨克森州的首府德累斯顿，因其 18 世纪建造的精美绝伦的巴洛克式建筑，而被称为"易北河畔的佛罗伦萨"。德累斯顿向人们表明，城市也可以是一件艺术品。在这里，宏伟的公共建筑与许多稍显朴素的私人建筑融合在一起，使得这个城市具有极致的美感。

　　这个集伟大和文明于一身的创造物是世界上最引人注目的艺术与文化宝藏，却在 1945 年 2 月 13 日夜晚被灾难袭击后，发生了巨大改变。在遭到数小时的空袭后，德累斯顿再也不是世界上最重要和最具凝聚性的杰作：将近 75% 的历史核心建筑被摧毁或严重毁坏，15 平方公里几近荒芜，25000~35000 人死亡。此次对于这颗建筑瑰宝残忍、血腥的袭击，究竟是一场战争罪行，亦或是一场公正的军事行动始终是人们热烈讨论的话题。这场对于过去的辩论一直持续着，而它的未来也应受到重视。这座城市的历史核心的建筑是否该重建？重建的建筑会有意义和灵魂吗，还是仅仅只是没有任何灵魂的外表而已？如果重建被毁坏的建筑，那会减轻对这场灾难记忆的伤痛吗，会让战争给人们带来的伤痕随之痊愈吗？

　　德累斯顿建于 1206 年，并从一个防御性强的集镇转变成了世界上最美丽的古典城市之一。这一切要归功于奥古斯特二世——强力王，他于 1694 年继承了萨克森州的选帝侯位。他曾在 17 世纪 80 年代晚期游遍法国，沿途所见令他印象深刻，尤其是凡尔赛宫。凡尔赛宫是为路易十四所建，它的设计和奢华的巴洛克式建筑及装饰完美诠

法国凡尔赛宫

奥古斯特二世雕像

释了君主的绝对统治。于是，奥古斯特一继位便开始将他所学到的东西运用到实际之中——他要通过艺术和建筑展现自己的权力，赋予他的统治以意义，从而巩固他的合法管辖权。他邀请艺术家和音乐家来到德累斯顿，加速了这座城市从要塞变为文化重城的步伐。然而，奥古斯特二世的野心绝不仅限于此。1697年他成为了波兰国王，虽然这意味着他要放弃新教的信仰而转投罗马天主教。1733年奥古斯特逝世之时，德累斯顿已经成为世界的政治和文化中心之一。

在第二次世界大战的前5年，德累斯顿，尽管面积庞大，并且同盟国空军也宣称要向德国主要城市发起空袭，却没有受到严重的空袭。而这给了德累斯顿一种安全感——几乎觉得他们是不会遭袭。德累斯顿人明白，城市中建造了很大的驻防区，是抵抗东部侵略的堡垒，但似乎是受到美丽的庇护，德累斯顿的人民相信没有人会无耻到要轰炸这个众所周知的世界上最宏伟的城市之一的地方。最重要的是，这座城市的大多数人确信德累斯顿是无辜的，它不是大规模武器的制造中心，也不是合法的军事目标。但当同盟国的空军自东西两路在德累斯顿会和时，他们才意识到这种安全感是完全错误的。德累斯顿人民不知道的是：整个战争过程中这座城市一直是重要的武器制造基地——制造例如瞄准器之类的小型精准仪器。他们当然也不会知道德国军队于 1945 年 1 月 1 日就已秘密地将这个城市划分为"防御城"。如果敌人进攻，它并不是一个会由军队疏散以免遭战祸的"开放城"，而是要坚决抵抗。这个决定的结果其实非常明显——易北河畔开始建造起长长的筑垒。

但德累斯顿人民所不知的一件最重要的事是，这座城市早已上了同盟国目标名单。不管它美或不美，它都被认定是一个战略意义不断提升的军事目标。同盟国清楚它制造武器的能力，也认准它是德军的联络中心，对德军快速派遣军队往东抗击

二战中的德累斯顿

二战时期的
兰开斯特重型轰炸机

苏联进攻至关重要。另外，德累斯顿是同盟国眼中的"纳粹城"——在 1932 年的选举中，它支持希特勒当政，它是仅次于布雷斯劳的第二大纳粹城。

英国皇家空军的轰炸航空兵司令员阿瑟·哈里斯爵士在空袭之后，清晰简明地阐述了同盟国袭击德累斯顿的原因："德累斯顿是一个大型军工厂，一个完整的政府中心，重要的交通中心。现在它什么也不是了。"

在 2 月 13 日夜发动的那场空袭在战术和攻击力上并无特殊之处，却给德累斯顿带来了史无前例的毁灭性后果。有人描述这场空袭为"惊人的天时地利人和"。天气和能见度对袭击者有利；他们按计划准时到达并且发动轰炸；这座城市也恰巧毫无防备——他们的防空袭电力全部转移去保护那些德军认为更脆弱的地方去了。796 架兰开斯特重型轰炸机分两批而来，中间有 3 个小时的间隔。第一次空袭大约是在夜里 10:03 分开始，一批炸弹和燃烧弹按吨位投放。在这场从未有过的世界末日般的袭击中，英国皇家空军凭借炸弹的精确度和密度在一夜之间摧毁了大部分的城市区域。悲剧之处在于，这样的惨剧是施加在德国最美丽的历史城市上的。2月14日，德累斯顿再次遭到了美国空军的袭击。至2月15日中午12:30为止，总计3900吨炸弹被投放于德累斯顿，市中心总共28410座建筑中，约24866座房屋和公寓住宅被摧毁或严重毁坏。

2007年夏天的一个风暴天里，我来到了德累斯顿。在我从郊区驶向市中心的路途中，有件事也逐渐清晰起来。如今的德累斯顿是一座现代大都市——笔直而宽阔的街道两旁耸立着一排排房屋，这些房屋有些建于民主德国时期；也有一些表面非常光滑的现代建筑，建于1990年德国再次统一后的时期。在这些战后重建的建筑物中，还伫立着

易北河上远眺
德累斯顿天际线

MARTIN LUTHER

德累斯顿重建后的
圣母大教堂

躲过了那场轰炸的 19 世纪建筑物残骸。显而易见，如今那场关于是否要重建战前建筑物和街道的讨论，仅仅适用于这个城市的一小片历史核心。其整体现代风格其实早已确立。

到达易北河后，我登上了一艘明轮蒸汽机船。我想从以前观察它的最佳角度——水上——看这个老城中心。就在我距离中心越来越近时，一幅惊人的景象出现在我面前：战前旧城区那著名的天际线十分完整，被各式各样的公共建筑物的塔顶、圆顶、尖顶所勾勒出来。德意志民主共和国于 20 世纪 50 年代早期就开始战后重建，直至 2004 年，当 18 世纪早期的圣母大教堂——圣士会教堂的巨大石圆顶重建完，才算完成。德累斯顿历史中心的美丽轮廓再一次显现出来，但一切都并非眼前所见的这样。关于德累斯顿重建的历史十分引人入胜，它是不同的政治形态和社会意识——使得欧洲在冷战期间分裂了 40 余年——的直接反映。1945 年民主德国社会主义政府掌权，德累斯顿是

霍夫教堂

他们面临的一个巨大挑战：战后废墟需要清理，人民需要住房，城市需要运转起来。问题就在于究竟该重建哪些地方，如何重建，这不仅仅涉及技术问题、艺术问题、经济问题，更主要的这是一个社会意识形态的问题。但无论如何，这些废墟是德国文化的宝库；它们也许是为这片土地上的精英阶级所建，但现在属于人民；如果它们可以被赋予社会和政治接纳的新用途，比如说博物馆或者公共娱乐设施，那么就可以被修缮甚至重建。

　　人们开始对 18 世纪早期的茨温格宫——强者奥古斯都建造的乐土，一个迷你凡尔赛宫——废墟进行加固，开始着手进行其重建工作；19 世纪中期的歌剧院的框架和皇家宫殿也进行了加固，甚至连教会法庭——霍夫教堂（罗马天主教堂出资建立）都开始重建，同样，18 世纪中

茨温格宫

茨温格宫
建筑装饰细部

期新教的圣十字教堂也开始重建。20 世纪 50 年代整座
城市的主要公共建筑开始重建，但并不包括可维修的私人
建筑。

　　但重建工作也存在很大问题，据估计，市中心只有
约 25% 的建筑在轰炸中幸免于难——或保持完整或可修
整——但其中 4/5 都在战争后的十年里被放弃了，只为
建造新的宽阔大道和城市里一排排的居民住房。所以可以
说第二场对德累斯顿的毁坏就这样发生了，当然这在当时
的西欧非常常见，因为必须清除老式建筑才能创造一个新

世界。正是这种精神使得德累斯顿开凿出了一条宽阔的新大道——威尔朱弗大街——它从老城区的正中心穿过，为主要的政府现代化大楼提供了连接，其中包括有着巨大平顶的人民文化宫。1958 年德意志民主共和国官方规划原则有所改变，更倾向于建造新大楼而非修葺现有的废墟。1962 年，此项政策开始实施，政府摧毁了本可复原的中世纪苏菲恩教堂。就连圣母大教堂也不再安全——20 世纪 50 年代，虽然它的废墟被保留了下来但其最终重建工作一直在商榷之中，在德意志民主共和国政权的最后几年，圣母教堂废墟甚至根本没有出现在城市发展规划中。

　　我下了船，进入到老城区，向它的中心——重建后的圣母教堂和新集市广场走去，这里的一切现在已欣欣向荣。自战争之后，这里不仅仅是遗址被重建或修缮，整个街道均被重建了。德意志民主共和国将城市建在已被清除的废墟上，并运用了现代主义原则，将过去的老式街道替换成小型街区里一栋栋没有特色的房屋。如今这些小型街区和自 1945 年以来老城中心那些荒芜的、未被重建的土地都被开挖了。我周围是古老的地窖，从中可以看出消逝已久的建筑和街道的位置。这就像身处一个古城的考古废墟中一样。开挖时发现的东西——比如它们精确的坐标和各个建筑的尺寸——已经被记录在案以方便重建。太奇妙了——这些地窖就像是墓穴，逝去的将由此重生。我朝圣母教堂走去，经过了近期刚完成重建的一个街区，它的

圣母教堂
和新集市广场

海拔与 1945 年前屹立在这块土地上的 18 世纪建筑相同。
其中一座建筑物是一座宏伟的大厦——设计于 18 世纪
40 年代的考泽尔皇宫，还有一些是装饰着繁复巴洛克细
部的商用楼。穿过新集市广场，一个新的街区正拔地而起，
而紧挨着的位于汉姆批士彻大街上的另一个街区却安静耸
立着。这是十分令人称叹的绝妙景象——德累斯顿中心建
筑正逐渐被重新还原至原有的状态，幸运的话，这个老城
镇将再一次被解读为一个和谐的、具有延续性的艺术作品。
我仔细研究眼前刚完工的建筑——有酒吧、饭店和宾馆。
是啊，一切都是出于商业目的，都是由这个城市日益增长
的旅游业所驱使的。城市规划者们起草法令，允许私人开
发者建造建筑，这一条条楼房林立的街道正是他们的杰
作。区域间有明确的界限——里面非常现代，但大多数小
街却是传统规模的古典风，出于经济原因，建筑高度介于
新旧之间。很明显，当考虑到市场的迫切需求时，实现梦
想是非常困难的。德累斯顿的灵魂之战仍旧在持续着——
究竟是应该完全还原，还是为了经济和商业的需要作出适

德累斯顿
新建街区

考泽尔皇宫

当的调和。完全修正无疑花费巨大，而且要依靠政府的巨额补贴。在我看来政客和这个城市的规划者们都需要更大的勇气。德累斯顿在战争中承受了超乎寻常的毁坏、承受了巨大的痛苦，所以它的重建更是艰难的。我认为根本不需要任何婉转的措施，就应该拆毁那些挡道的丑陋的现代大楼，大胆地完全重建这个历史城市中心。这将十分振奋人心，可以向人们证明重建逝去之美并且使逝去的重新复苏都是可能的。德累斯顿的人民配得上这一切。新集市广场里的圣母教堂就证明了人们可以达到的成就。1736 年，乔治巴尔设计的圣母教堂竣工时，是欧洲北部最佳的巴洛克风格建筑之一。它十分完美地反映了富裕的德累斯顿新教教徒们的灵感，它那富有力量的圆顶设计增添了这个城

圣母教堂内部

市的整体美。1992 年，人们决定重建它，这一决定不仅
反映了德累斯顿中心的重生，同样也反映了新兴的联合国
家——德国的重生。这里再一次成为了一个教堂，但同样
也提醒着人们战争的可怕，亦是和平与和谐的标志。我走
近教堂，石筑外观已经有些斑驳，因为黑色的旧砖掺进了
砂岩。实际上重建中只有 45% 的石头是由原先遗址里的
石头中筛选出来的，这样一来圣母教堂的重建从考古意义
上来说，它的修复就不那么彻底了。它的外观非常正统，
走进去，一切精美绝伦。建造用的材料和手法都是原汁原
味的，它那一层层的画廊和涂绘过的圆顶也是如此。木头
和石头都镀了金，并经过图绘用以模仿大理石。教堂内部
的一切并非是想象的那样——这完全是一个巴洛克剧院的
完美之作。巨大的雕刻圣坛是由精心排列的 2000 多块原
版碎片拼凑而成。这个教堂充满了爱与承诺——它是由来
自世界各地的捐款而建的，这也使之有了独特个性和灵魂，
而非一个复刻品。

离开教堂后，我要去看看这个市中心更多的景象。我走过了庞大的皇家宫殿，它也正处于长期的修复过程中，穿过易北河直达诺伊施塔特区。诺伊施塔特区在18世纪就已经很发达了，在突袭中也遭到了巨大的破坏，但环绕着康尼格大街的一些18世纪的重要房屋群却幸存了下来。在这里仍然可以感觉到1945年2月被摧毁的建筑宝藏之美和文明化的生活。走过一些18世纪的房屋，旁边还辅有一些与之呼应的新的巴洛克式建筑，让人触景生情。这是这座城市里最动人和美好的篇章，给人以十足的视觉惊喜。此时我发觉自己已经站在诺伊施塔特区又长又宽的主大道——豪普茨大道上，实际上这里满是战后重建的现代主义建筑，我却突然看到了一群保存良好的18世纪的房屋。他们是真正的幸存者。每一栋楼都非常宽大，底层中心有一个大大的拱门。我穿过其中一扇拱门进入了一条走廊，走廊一直延伸到屋子尽头——大约有一节车厢那么长，接着是一个有天窗的漂亮院子。然后是一个香草花园，里面有一幢漂亮的巴洛克式建筑，视线尽头是一个喷泉。我便随之走进了花园并为之惊叹。这是多么完美的城市建筑规划啊——私人

豪普茨大道旁的18世纪建筑

房屋建于一段紧凑的公共街道之上，两旁有许多店铺，并且这条街道还通向美丽的秘密花园。然而此刻我却被一种"失去"的恐惧所笼罩。在1945年2月之前德累斯顿有着数以千计的这样的房屋——它们反映并创造了文明生活方式，但是如今却只剩下这几座了。这是怎样的一个悲剧啊！这使得我再一次思索这儿究竟发生过些什么，思索在这座城市所发生的灾难。也许德累斯顿并非完全无辜，但它确实是美丽无比的。德累斯顿的毁灭真的加速了战争的结束吗？它拯救了盟军的士兵性命吗？这场袭击是正义的还是犯下了战争罪行？虽不能与纳粹犯下的惨绝人寰的罪行相提并论，但是终究它也是有罪的，不是吗？我想这些问题永远都没有答案。战争本身就是不道德的、有悖伦理与人性的，因此想要解决战争中的道德与伦理问题是荒谬的、虚伪的。

我与战争中的一位幸存者，海尔格·西维尔有约。她当年年仅20岁，是诺伊施塔特区附近帮助难民们转移到学校地下室的护士。我问了海尔格一些关于那场轰炸的事，但很显然她并不那么愿意开口。她只是告诉我，当时他们去避难的第一所学校开始燃烧，于是在两波轰炸间隙他们又转向了易北河，却找到了另一所学校的地下室避难。夜里她一直在工作，将投掷到屋顶的燃烧弹扔掉。我问她接下来的那个早晨当第一眼看到熟悉又美丽的城市化为灰烬时的感受，她沉默了，眼泪开始泛滥，然后她开始谈到死者，谈到那些难民们，那些躲避在学校地下室里又差点死于火灾导致的缺氧的难民们。接着我问及现今市中心历史遗迹的重建工作——是否真的能够减轻战争带来的痛苦？她说，"是的，对我来说这场战争从未结束，直到我再一次看到圣母教堂重建起来。"

这座城市的重建让我陷入沉思。一栋老式的建筑并不仅仅是建造它的砖石、砂浆以及岁月带来的诱人痕迹，它更是一段回忆，一个深植于其设计中的理念。纵使建筑瓦解，这个理念——都会保存在考古线索、旧画作和照片中——可以继续活着、重生，有时候必须这样。在德累斯顿发生的一切永远不该被忘记。如果被遗忘，那么这里曾经遭受的一切都没有了意义。对于这座城市的完整重建可以减轻那些记忆的痛苦。如果德累斯顿的历史中心被很好地规划重建了，那么这场战争造成的创伤最终也会开始愈合。

德累斯顿
历史中心夜景

旧金山世界闻名的
金门大桥

在灾难的阴影下生活——

旧金山（美国）

　　坐落在美国西海岸的旧金山是世界上最美丽的城市之
一。它周围有宽阔广袤的一系列港湾环绕，港湾如此巨大，
看上去就像是一片湖群。这里的规模巨大，说明旧金山坐
拥着绝妙多样的地形地势并容纳着令人惊异的城市形式的
混合。金融区有聚集起来的商铺大楼、有美国海军老码头、
福特梅森垂钓码头以及渔人码头。此外，还有华丽的 19
世纪末期到 20 世纪初期的旧金山嬉皮区、米申和卡斯楚
区、玛丽娜现代派建筑、风景如画的马林县港湾城市，比
如搜萨利托和提伯伦。所有这些场所都由渡口与一些设计
非凡的 20 世纪桥梁相连，其中包括世界闻名的金门大桥。

金门大桥于 1937 年竣工，它形成了从太平洋进入港湾，或者说是进入美国的要道。所有这些人类完成的作品都处于一片令人惊叹的自然之美中——不仅仅是波光粼粼的湖水，还有海滩、蜿蜒的地形以及茂密的山川。正是这里美丽的自然景观使得旧金山成为了让人流连忘返的地方。同时，这些自然景观也是这座城市永远强有力的敌人。这是住在这样的怡人之地所要付出的代价。旧金山是世界上 6 座最受威胁的城市之一，在这里生活，时时受到自然灾害的威胁。我此行的目的，就是要去探索这里适应自然地形的、建筑方面的解决办法，同时了解居住在这样一个受到诅咒又充满幸运之地的居民的生活。

旧金山所面临的问题严峻且具体。在未来的 30 年中，在这个城市与海湾中，大地震发生的概率几乎可达到 62%，将是从前的 2 倍。大地震随时可能发生，毫无征兆，

旧金山市区

并给城市带来巨大的损坏。我很想看看，建筑在应对灾难时扮演的角色——能否通过科学的设计与建造，为居民提供安全的避难所；但是，如果建筑不得当，问题就会出现。空旷地区发生的地震不会造成太大的危险，然而，对于城市来说，地震却是毁灭性的。因此，具有强烈讽刺意味的是，建筑本来是为人们提供安身之所，却由于坍塌破碎，成为了对生命的最大威胁。

旧金山所在的海峡地区被地壳的断层所分割，是太平洋与北美大陆板块之间复杂的连接体系的一部分，并且这些板块一直处于轻微的移动中。由于地球表面的这些板块持续运动，可怕的能量就会逐渐聚集，直到突然之间它们释放崩塌，这就会给人类带来灾难性的后果。旧金山最近一次地震发生于 1989 年，震级达到了里氏 7.1 级。这次地震使得海湾大桥的部分道路坍塌，近 10 万所房屋被毁，玛丽娜街区的燃气泄漏引发火灾，并毁掉了周围成片地区，将近 70 人丧生 ❶。这次灾难引起了一系列大规模重建工程以及房屋和基础设施的升级。目前这一工程已耗资 300 亿美元。在 1989 年以前，最重大的一次"地震事件"发生在 1968 年，当时贯穿伯克利市的海沃德断层发生了移动。如今，很多人认为这一断层很快还会继续移动并引发一次更大的地震。然而，海湾地区最著名的断层——也许是世界上最著名的断层——圣安德烈亚斯断层，因为它在 1906 年时发生的滑动造成了有史以来最为严重的一次自然灾害。

当 1906 年地震发生的时候，旧金山不过 100 多

❶ 1989 年 10 月 17 日，美国旧金山发生大地震，震级里氏 6.9 级，死亡逾 270 人。这是本世纪美国大陆经历的第二次最大地震，仅次于 1906 年闻名全球的旧金山 8.6 级大地震。据测定，震中位于太平洋边缘的圣克鲁斯以北 16 公里。地震波及加利福尼亚州从旧金山到萨克拉门托的大部地区。

——译者

1989 年旧金山滨海区
一幢在地震中倒塌的四层建筑

旧金山的
维多利亚风格建筑

年的历史。旧金山于 18 世纪末期作为西班牙殖民地而建立，但却与加利福尼亚州一起在 1846 年被美国从墨西哥手中夺回，并在 1849 年淘金热中开始繁荣。此后，旧金山变得富足起来，并由于银矿、铁路、航运以及商贸迅速得以扩张。到了 1906 年，旧金山——美国第七大城市——盘踞了西部海湾，尽管它拥有大量的公众设施和商业大楼，它本质上仍然只能算作一个新兴城市，以一种不受控制的方式飞速却轻忽地建造着，大片的私人住宅都是木制的，烟囱林立，偶尔还可看到政府建筑的砖墙。由于其所在的地理位置，旧金山是一个随时等待灾难降临的城市——在 1906 年，这一切的确发生了。第一次震动持续了 40 秒之久，震中震级达里氏 8.2 级。噩梦般的三天过后，有 2800 公顷的土地被夷成了废墟，3 万座建筑物被摧毁，其中包括 30 所学校和 80 座教堂；25 万人无家可归，2000 多人丧生。这次地震像噩梦一样一直笼罩着旧金山。

我时常在想，如果现在再发生一次与 1906 年一样的地震，会给这个城市和居民带来何种后果呢？为了得到答案，我拜访了玛丽·娄·左蓓科，她是专门研究地震灾害的科学家。我最感兴趣的就是旧金山最典型的居民建筑在地震中的命运。我问她有什么措施能够保护这些建筑，她的回答让我震惊，她说："如果 1906 年的地震再一次重演，那么大约 70% 的损害将会发生在居民建筑中，成千上万座房屋都会面临倒塌。"我与玛丽·娄约见在密逊街区，这个街区大部分躲过了 1906 年的地震破坏，到处都是 19 世纪末 20 世纪初那些漂亮的建筑。我问她如果这

旧金山
密逊街区全景

些旧房屋要被加固，会不会采用新的建筑法规。她告诉我，为应对地震，加利福尼亚州制订了全国最严格的建筑法规，并向我保证现代化的建筑"绝不会在地震中倒塌"，但是"问题是旧金山 85% 的建筑都是在大部分现代建筑法规确定之前修建的，其中一半的建筑物修建得更早，那时根本就没有任何与地震相关的建筑法规。"她解释说，建筑法规无法追溯，所以早期建造的房屋不能重建，只能在需要改建的时候按照建筑法规的要求加固，通常都会要求房主将房屋安全等级提升至现代标准。我问她旧金山已经被提升加固的房屋的比例，玛丽看起来很是孤独无助，她说："我们这里有一种现象，叫做租金控制，这是保证人们可以租得起房子的有效办法。但是，因为租金低于市场价格，这也极大地抑制了屋主投资在房产上的资金数目。"我开始看到了问题的本质，如果地震现在发生，那么未被加固的房屋将会如何倒塌，它们应怎样被加固呢？"我们最大的担忧就是，很多高层的旧楼一楼都被建成了一个车库，这样的房子这里处处可见。如果房屋负荷是垂直的，这样是

没有问题的，但一旦房子开始左右摇摆，就像地震时那样，一楼的车库就会首先坍塌，从而使得整个房子倒塌下来。解决这个问题是相对容易的，比如说，可以采用胶合板加固房屋结构框架，或者用钢架将车库大门框起来——但是大多数人都没有这样做！"我开始思考人性的古怪：居住在旧金山的人很清楚地震会随时发生，并且可能是非常严重的地震。如果他们不愿意采取措施自我保护的话，那么他们觉得地震发生的时候他们会怎么样？我询问玛丽·娄，如果类似 1906 年的地震再次发生，最糟糕的后果将会是什么？她清楚地解释道："40% 的楼房都会被摧毁、损坏或者无法居住。有 50 万人将无家可归，多达 5000 人会丧生，当然这一切也要看地震发生的具体时间。"

显然，很难说服公众以及政府官员将大量资金用以预防可能不会发生的事情。这就是人性。但是我想知道正在采取的措施——兼顾保全旧式结构，以及完成全新的能抵御地震的结构的措施。为了了解当地的住房"改装"，我来到了地方政府处，这个坐落于市中心广场的漂亮市政厅。市政厅是一座古典风格的石头房子，于 1915 年竣工，是市中心最主要的建筑物。这座大厦是一件真正的艺术品，尽管在 1908 年开始时是为了替代 1906 年被破坏、焚毁的旧市政厅，那是一个完全没有采用任何防震措施的建筑。结果，在过去的 8 年中，这座城市花费了 3 亿美金重建

和改造它。为了了解改造成果，我拜访了埃里克·艾尔塞色——负责这项工作的富有经验的结构工程师。他把我带进了地下室，想在那里给我展示一样东西。我穿上连体工作服，跳下地面一个检修口，发现自己置身于一个让我震惊的地方。这里布满灰尘、黑暗无比，空间低矮到我只能趴在滑轮板车上贴地推进。当我的眼睛适应了周围的情况时，我发现这里宽敞无比。道路狭长，伸向远方，仿佛没有尽头。天花板——其实是市政厅——就在我的上方，由一些粗壮的柱子支撑着。埃里克解释说："这是一个与世隔绝的地方，这些柱子就是与世隔绝者。一共有530根，它们就像减震器一样承担着整个大楼的重量。事实上，大楼本身再也不会直接接触地面。这些柱子可以向任何方向移动30英寸（约76厘米）。"我惊呆了，问他如果现在发生地震，会怎样呢？"上方会有很大晃动，如果你离柱子很近的话，甚至还会撞到头。但整个建筑只会整体移动而不会倒塌，因为它建在一个由减震器撑着的钢筋结构上。减震器由橡胶与钢筋制成，有很强的韧性，不会折断。所以，我们会很安全。"那么，它们可以承受多强的地震呢？"我们设计之初的目的就是能够承受里氏8级的地震。"我疑惑不解，这些大楼的外墙在地震中会如何移动呢？埃里克解释说："我们已经围绕大楼挖空了一条壕沟，楼体就会移动到那个地方。"这些都是受到1989年地震的启发，我随后问及埃里克当时的情况。"当时的大楼没有像现在

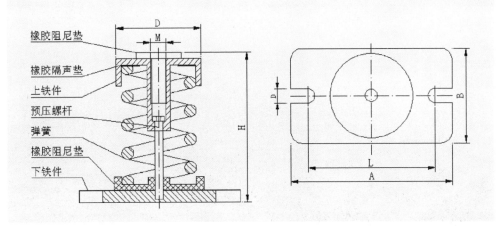

图中标注文字（从上到下）：橡胶阻尼垫、橡胶隔声垫、上铁件、预压螺杆、弹簧、橡胶阻尼垫、下铁件

尺寸标注：D、M、H、D、B、L、A

建筑减震器
原理图

这样的机动部件，受损严重。如果当时的地震再持续 5
秒钟，那么我们认为整幢大楼将会毁于一旦。"这就是应
对地震的国内最先进也是最佳解决措施，让它支撑着大楼，
并且以柔克刚，让它可以随着震动作为一个整体移动，而
不是通过增加结构来支撑它。但这种方法的代价高昂，仅
就市政厅的这一部分改造就花费了 1.2 亿美元。我问埃里
克这个城市中有多少公共建筑有这样的措施待遇，他回答
我说："只有 4 座大楼而已。"

　　我最后一个目的地还在修建之中，也是 1989 年在地
震中损毁最为严重的一个建筑——海湾大桥的东段。整座
大桥于 1936 年竣工，实际上由两座桥组成。它采用优美
的悬索桥样式，从城市连接到海湾的耶尔巴布埃纳岛屿；
东段坚稳的钢桁架结构横跨剩余的水面，将耶尔巴布埃
纳岛屿与奥克兰市连接。1989 年地震期间，钢架上 50
英尺长的公路被损毁，2 人遇难❶。很快，大桥得到了修
复，但政府不久就决定，虽然大桥的西段也需要加固修
复，但是东段的重建成本比修复会更加低廉。在后来的几

❶ 1989 年 10 月 17 日，旧金山 6.9
级洛马·普雷塔地震造成海湾大
桥东桥 E9 号桥墩的上层桥面倒
塌到下层桥面，造成了 1 人死亡，
而连接此桥的双层 880 号州际公
路（米尼兹高速公路）上层完全
垮塌，造成了 42 人在车内被压死。

——译者

旧金山海湾大桥东段

❶ 新大桥于美国当地时间同日晚
间开放，并于 9 月 3 日首次晨间
通勤。——译者

海湾大桥桥墩

年中，连接奥克兰市和岛屿的新修大桥一直在施工中，拟
于 2012 年对外开放 ❶。但竣工被延期，花费持续增加——
据最新估计显示将会耗费约 80 亿美金——但这将成为全
世界最大的桥梁。大桥不只可以抵御地震，也是与其地理
位置相匹配的地标性建筑，
与附近史诗般的金门大桥
相映生辉。所以，新的海湾
大桥东段的设计和建造是
一个巨大的技术和艺术挑
战，需要用创造性的方式协
调潜在的冲突因素。美学上
要求桥梁应简洁，并在结构
上引人注目，然而安全性上

海湾大桥夜景

却需要庞大的体积和内置的冗余结构。新的桥段似乎是一个灵感之作。它是一个自锚式的单塔悬索桥，跨度规模宏大，索塔距水面高度达 525 英尺（约 158 米）。很显然，这会成为大桥最引人注目的、标志性的部分。悬索桥面高出水面 130 英尺（约 39 米），通过两条高速公路——或天堑——与奥克兰相连，高速公路的每个组成部分都由加固的钢筋桥墩支撑。我上了船，前往其中一个桥墩，想拜访马宛·耐得先生，他是加利福尼亚州交通局聘用的项目总工程师之一。我爬上桥墩顶部，在高速公路上看见了马宛先生。他说，这座桥是这座城市的核心生命线之一，它对于旧金山的经济繁荣起着至关重要的作用，所以不能让它像 1989 年那样无法使用。设计理念之一就是要保证任何地震带来的损失和毁坏都可以修复。为了更进一步解释，马宛先生带我穿过了高速路表面的一个地下道，进入了一个神奇的世界。高速公路是由中空的水泥结构建造而成的，每一个都有 500 码（约 450 米）长，其中包含人行道和服务区。这些分离的结构本身并不相连，而是由伸缩缝相接。我们来到了其中一个伸缩缝旁，马宛先生告诉我大桥的工作原理：“如果地震发生，整个钢架就会向不同的方向移动，移动幅度可达半米左右但会保持连接。”在伸缩

缝与这些相连的框架中固定着一些巨大的不锈钢管。马宛解释道："它们都是耗能梁段，作用就像家里的保险丝一样——如果有震动发生，它们会吸收能量然后变形，我们想要把所有的破坏力都集中在这一根保险丝上，超负荷之后这根保险丝会首先坏掉，但可以保护整个结构。"他还进一步阐述逻辑："这些耗能梁段会承受破坏，而非整个结构。"我明白了，就像市政厅关键在于灵活性一样，这座大桥可以通过快速检查耗能梁段从而判断出桥梁有没有受损，更换耗能梁段也非常简单，几天之内桥梁就可以再次使用了。

　　我走回市区，整个城市看起来景色宜人，却极易受损。虽然为了从自然灾害中确保城市安全，政府已经做了很多的工作，但是仍然有更多的事情有待完成。尽管已经做了大量准备工作，采用了许多别出心裁的解决办法，但面对强大的自然之力，旧金山的人民依然极其恐惧与脆弱。这是一个在等待中的城市，人们知道这里的灾难将要到来，因为很明显，自然之力无法被控制，它才是发号施令的那一方。人们不知道灾难会如何发生，却清楚地知道——总有一天，这座伟大的城市会再一次被地震击倒。

旧金山市区夜景

扩展阅读

以下是在为英国广播公司第2频道的《漫游世界建筑群》系列纪录片及本书做准备时参考的出版物，也可供读者作为扩展阅读的借鉴。

死亡

Il Cimitero Monumentale di Staglieno a Genova, Franco Sborgi, Genoa, 2003

The Architecture of Death, Richard A. Etlin, 1984

Death and Architecture, James Stevens Curl, 2002

Art and Architecture of Ancient America, George Kubler, London, 1984

A Survey of Maya State, Religious and Secular Architecture, James MacKeever Arnold and James Robert Moriarty III, 1971

Living Architecture: Mayan, Henry Stierlin, London, 1964

Memoirs of Toebart Maler, The Peabody Museum of American Archaeology and Ethnology, Harvard University, 1908

Breaking the Maya Code, Michael D. Coe, London, 1992

The Ancient Maya, Robert J. Sharer, Stanford, 1994

The Days of the Dead, John Greenleigh and Rosalind Rosoff Beimler, San Francisco, 1991

The Day of the Dead, Haley and Fukada, 2004

Hatshepsut the Female Pharaoh, Joyce Tyldesley, London, 1996

Ancient Records of Egypt, James Breasted, Chicago, 1907

Ancient Egypt, Delia Pemberton, London, 1992

Hatshepsut: in search of the woman pharaoh, H.E. Winlock, London, 2001

Eternal Egypt, Pierre Montet, London, 1964

Rewriting Bible History, Charles Taylor, 1985

The Complete Temples of Ancient Egypt, Richard H. Wilkinson, 2000

A Test of Time, David M. Rohl, London, 1995

灾难

The Road to Oxiana, Robert Byron, London, 1934

Afghanistan, Louis Dupree, 2002

The Minaret of Djam: an excursion in Afghanistan, Freya Stark, 1970

Islamic Art and Architecture, 1999, and Islamic Architecture: form, function and meaning, R. Hillenbrand, 1994

Studies in Islamic Art, London, 1985, VII - 'The Minaret of Mas'ud III at Ghazni', Ralph Pinder-Wilson

Ghurid Monuments and Muslim Identities: epigraphy and exegesis in twelfth-century Afghanistan, Finbarr Barry Flood, 2005

Cairo to Kabul: Afghan and Islamic studies, ed. Warwick Ball and Leonard Harrow, London, 2002

Gertrude Bell, H.V.F. Winstone, 2004

Le Minaret de Djam, La decouverte de la capitale des sultans Ghorides (XIIe-XIIIe siecles. Memoires de la Delegation Archangilique Francaise en Afghanistan, A. Maricq and G. Wiet, Paris, 1959

Traditional Architecture of Afghanistan, Stanley Ira Hallet and Rafi Samizay, New York & London, 1980

Afghanistan: an historical guide, Nancy Hatch Dupree, Kabul, 1977

Monuments of Central Asia, Edgar Knobloch, London, 2001

Palmyra, Iain Browning, London, 1979

Report on a Voyage to Palmyra, Dr. W. Halifax, Philosophical Transactions of the Royal Society, London, 1695

A Compendium of a Journey from Aleppo to Jerusalem by Henry Maundrel, The Travels of Dr. Thomas Shaw, F.R.S. and A Journey to Palmyra (London, undated)

The Ruins of Palmyra, otherwise Tedmor, in the Desert, Robert Wood, 1758

Dresden: a city reborn, ed. Anthony Clayton and Alan Russell, especially chapters by John Soane on 'Destruction and rebuilding', and 'Dresden's renaissance after 1985', Oxford, 2001

Dresden: Tuesday, February 13,1945, Frederick Taylor, 2004

The Revival of Dresden, ed. W. Jager and C.A. Brebbia, 2000

Firestorm: the bombing of Dresden 1945, ed. Paul Addison and Jeremy A. Crang, 2006

译者后记

电影作为当下信息时代不可或缺的影视产业之一，其诞生始于纪录片的创作。"纪录片"一词来源于英国（约翰·格里尔逊）。英国广播公司（BBC）作为世界最大的新闻广播机构之一，其录制的纪录片题材广泛、制作精良、画面精美，有着世界公认的地位。而本书系的英文原著最初就是来自于英国广播公司（BBC）的同名专题系列纪录片。

现在，《漫游世界建筑群》的中文版书系终于和广大读者见面了。通过本书系"前言"中作者丹·克鲁克香克（Dan Cruickshank）的诚挚推介，读者们可以知道这本书是如何完成的。本书并非专门为建筑学界人士而著，它更像是一部小说，讲述了世界各地不同时代、不同文化背景下的故事，所以无论是考验生死存亡的极地还是充满权利斗争的宫廷，都被精心记录于其中。愿读者们在细酌之余，能体会此书的博大精深，皆能有所受益，实为本书之最大意义所在。

《漫游世界建筑群》这套书共包括 8 个主题，覆盖 19 个国家，涉猎了 36 座建筑。其题材的广泛性决定了内容的复杂性和背景资料的多样化，也决定了翻译角度的多元化，如对于原著所涉及到的宗教文化差异，翻译时就要考虑"功能相似"原则，灵活地使用"意译"加"注释"法。此外，作者是一位老牌的英式学者，在作品中非常喜欢使用巴洛克式的长句，也就是那种层层叠叠如同阶梯式瀑布般壮美、阅读起来极具音律感、逻辑缜密的主从复合句。在阅读这样的语句时能够让人感受到其中的思想、力量和美感。有人曾经说过中英文的不同是因为逻辑关系不同，而逻辑关系的变化必然引起语法结构的变更。对原著的译注是一项浩大且精密的工程。而在这个过程中，译者也非常关注如何在结构的变更中，忠于原文的情感表达，让读者从文字中感受到作者的激情，感受文中描述的建筑中所蕴含的历史，感受甚至体验曾经的那些故事、那些人物、那些情怀。然而，西式的这种热情在用中文表达时，就显得较为困难。相较于东方的含蓄、内敛、淡然处之，西式的表达显得更为浓烈、激荡、开门见山。在翻译过程中，如何把握语言，既能让读者感受原著的文化氛围，又能在中文表达时展示雅致、不显直白，对于我而言仍是一条漫漫长路。

本书在翻译过程中，得到国内外许多友人的鼎力相助。定居美国的陈初、英国的邹会和叶文哲、中国台湾的谢碧珈，还有李明峰、高侃、黄艳群等朋友，他们为本书的完成给予了很大的支持和帮助，在此一并表示衷心的感谢！

此外，中国水利水电出版社的李亮分社长、李康编辑在本书系的前期策划、文字润色、插图配置及后续出版工作中付诸了极大的心血和劳动，使其以更为完美的形态呈现在读者面前，尤其是重新设计配置的精美图片更是为本书带来美妙的阅读体验，而美术编辑李菲的精心设计最终让所有人对本书爱不释手。在此也对他们的辛勤付出表示诚挚的谢意！

这是本人的第一本译著，出于专业原因，我对《漫游世界建筑群》可谓怀有天然的好感。虽然我对于景观和建筑知识有着兴趣和标准上的追求，但我并非翻译出身，也无经验，即使曾经留洋，也难以做到让读者有如阅读出于国人手笔的作品一样的体会。对于本书，我在不偏离原著主旨内容的原则下，尽量运用通顺流畅的文句，使读者在阅读时没有生硬、吃力的感觉。但由于本人水平有限，译文中必然存在不少问题，所以，在此诚恳地欢迎广大读者批评指正，并提出宝贵意见。

译 者

2015 年 12 月

第一译者介绍

吴捷，浙江理工大学艺术与设计学院讲师，英国谢菲尔德大学景观建筑学专业硕士，主要研究方向为环境设计。2010 年进入浙江理工大学执教，先后教授过历史理论、景观、建筑、创意概念设计等方面的课程，致力于可持续性景观、公共空间和文化领域的研究工作，并发表了相关的学术论文。

图书在版编目（CIP）数据

漫游世界建筑群之死亡·灾难 ／（英）克鲁克香克著；
吴捷，杨小军，卢健译. -- 北京 ： 中国水利水电出版社，
2015.12
（BBC经典纪录片图文书系列）
书名原文：Adventures in Architecture
ISBN 978-7-5170-4028-6

Ⅰ. ①漫… Ⅱ. ①克… ②吴… ③杨… ④卢… Ⅲ.
①建筑艺术－世界－图集 Ⅳ. ①TU-861

中国版本图书馆CIP数据核字(2015)第321677号

北京市版权局著作权合同登记号：图字 01-2015-2702
本书配图来自CFP@视觉中国

责任编辑：李 亮 李 康
文字编辑：李 康
插图配置：李 康

书籍设计：李 菲 钱 诚
书籍排版：钱 诚

书 名	BBC经典纪录片图文书系列 漫游世界建筑群之死亡·灾难	
原 书 名	Adventures in Architecture	
原 著	【英】Dan Cruickshank（丹·克鲁克香克）	
译 者	吴捷 杨小军 卢健	
出版发行	中国水利水电出版社	
	（北京市海淀区玉渊潭南路1号D座 100038）	
	网址：www.waterpub.com.cn	
	E-mail: sales@waterpub.com.cn	
	电话: (010) 68367658 (发行部)	
经 售	北京科水图书销售中心 (零售)	
	电话: (010) 88383994、63202643、68545874	
	全国各地新华书店和相关出版物销售网点	
印 刷	北京印匠彩色印刷有限公司	
规 格	150mm×230mm 16开本 10.5印张 122千字	
版 次	2015年12月第1版 2015年12月第1次印刷	
定 价	39.00元